汲取哈佛人生哲学的营养，
发掘潜能，超越自我，迈向卓越。

哈佛教给学生的

人生哲学

游一行 主编

光明日报出版社

图书在版编目（CIP）数据

哈佛教给学生的人生哲学 / 游一行主编 . —— 北京：光明日报出版社，2011.6
（2025.1 重印）

ISBN 978-7-5112-1099-9

Ⅰ .①哈… Ⅱ .①游… Ⅲ .①人生哲学—通俗读物 Ⅳ .① B821-49

中国国家版本馆 CIP 数据核字 (2011) 第 066103 号

哈佛教给学生的人生哲学

HAFO JIAOGEI XUESHENG DE RENSHENG ZHEXUE

主　　编：游一行

责任编辑：温　梦　　　　　　　　　　责任校对：文　蘂
封面设计：玥婷设计　　　　　　　　　封面印制：曹　净

出版发行：光明日报出版社

地　　址：北京市西城区永安路 106 号，100050

电　　话：010-63169890（咨询），010-63131930（邮购）

传　　真：010-63131930

网　　址：http://book.gmw.cn

E－mail：gmrbcbs@gmw.cn

法律顾问：北京市兰台律师事务所龚柳方律师

印　　刷：三河市嵩川印刷有限公司

装　　订：三河市嵩川印刷有限公司

本书如有破损、缺页、装订错误，请与本社联系调换，电话：010-63131930

开　　本：170mm×240mm

字　　数：210 千字　　　　　　　　　印　　张：15

版　　次：2011 年 6 月第 1 版　　　　印　　次：2025 年 1 月第 4 次印刷

书　　号：ISBN 978-7-5112-1099-9

定　　价：49.80 元

序　言

　　"哈佛"不仅仅是一所大学的名字，更是一种精神，一种智慧。百年哈佛带给世界的不仅仅是优秀的人才，更珍贵的是经典而深刻的人生哲学。哈佛之所以成为世界一流大学中的佼佼者，关键不是因为它的规模宏大、学科众多，而在于它先进的办学理念、追求真理的可贵精神和 300 多年沉淀下来的闪光智慧。正如哈佛大学第 23 任校长科南特所言："大学的荣誉，不在于它的校舍和人数，而在于它一代又一代人的质量。"

　　作为美国的"思想政治库"，哈佛培养的不仅仅是学子，还是一个社会。300多年中，哈佛大学先后培养出了 7 位总统和 40 位诺贝尔奖获得者，它的巨大成就不仅仅在于高超的学术水平，更重要的是它教会了学生应该怎样做人、怎样做一个成功的人。在人生的旅途中，大学只是一个短暂的历程，但哈佛让学生在这个短暂的历程中汲取着智慧的营养，并引领他们思考和感悟人生，为实现人生目标、取得成功做好积极而充分的准备，这就是哈佛的成功所在。我们每个人都有必要做做百年哈佛的学生，学习它交给我们的人生哲学。

　　哈佛大学给学生上的第一课是"如何做人"，哈佛大学教授罗伯特·科尔斯说："人格优于知识。"哈佛认为，一个人只有具备了良好的人格品质，才有资格取得人生的成功。真诚、信义、豁达、正直、忠诚、责任感……这些都是一个人必备的品质。

　　哈佛大学以追求真理的精神而闻名，由哈佛学院时代沿用至今的哈佛大学校徽上面，用拉丁文写着"VERITAS"字样，意为"真理"。哈佛大学校训的原文也是用拉丁文写的，意为"以柏拉图为友，以亚里士多德为友，更要以真理为友"。可以说，对真理的不懈追求是哈佛精神的精髓。哈佛大学告诉学生，要始终保持着思考的姿态，并时刻追随真理的脚步，永不言弃。哈佛大学的一句名言就是：不要以为自己的智慧很高，"弄清楚"

比高智慧更重要。人要有自己独立的思想，不要人云亦云，盲从和谬误不会给人带来幸福，只有坚持真理才能帮助一个人在其人生道路上走得更好更远。

哈佛大学告诉学生，每个人都是金子，关键是能否正确地认识自己。清楚自己能够做什么固然重要，但清楚自己不能做什么更为重要。哈佛教诲学生要正确地认识自己，经营自己的强项，呈现自己闪光的一面。

哈佛谆谆教导它的学子，社会错综复杂，变幻莫测。因此在漫长的人生跋涉中，要学会低头。但学会低头并不是妄自菲薄与自卑，学会低头意味着要谦虚、谨慎。个性张扬，率意而为，不会委曲求全，结果多半是处处碰壁。在人生道路中，我们常常因光彩的事物而迷失了方向，以不屈不挠、百折不回的精神坚持到底了，结果却输掉了自己。所以要心态平和，学会低头。保持生命的低姿态，能避开无谓的纷争、意外的伤害，能更好地保全自己，发展自己，成就自己。

哈佛告诫学生：成功没有形状，不要为成功设定种种标准。名利双收并不就是成功。哈佛流传着这样一句名言：想当官，想发财，就不要到哈佛来；要为增添智慧和才干而走进来，为服务社会而走出去。对于每个人来说，成功需要量身定做，人生最大的成功在于规划一个适合自己的有意义的人生，并保持生活和工作的平衡。

哈佛告诉学生……

哈佛的人生哲学值得我们拜读，其中的智慧是指引我们一生的航标。本书浓缩了哈佛的经典人生哲理，是哈佛精神的生动呈现。书中从理论和实践上全面阐述了哈佛人生哲学的深刻内涵和对人生的启迪意义，引导广大成长中的学生，树立远大目标，适应社会，迎接挑战，成为时代的栋梁和精英。

读这本书，你会感觉到几百年来的哈佛智慧就像涓涓细流在你的心头流淌，无须亲自走进哈佛校园，此书就会带给你对哈佛的深刻体验。在书中，你可以体会哈佛教授的精彩哲思，可以品味哈佛大学的浓郁气息，像一位智者一样低头沉思……

目　录

第一课　走进人生的河流

人生是什么——思考生命的意义

活的是过程 ………………………………………………… 2

人生没有输赢 …………………………………………… 4

人生不是用来享乐的 …………………………………… 5

过属于你自己的生活 …………………………………… 6

用平和心态对待死亡 …………………………………… 8

懂得热爱生命 …………………………………………… 9

人生没有往复 …………………………………………… 11

爱情是生命不可或缺的一部分——珍惜圣洁的爱情

不要随意丢弃属于你的爱情 …………………………… 13

爱情是生命的源泉 ……………………………………… 15

别让爱成罗网 …………………………………………… 16

爱情不可以握得太紧 …………………………………… 17

爱情的美在于执着的追求过程 ………………………… 18

爱情不需要世俗的亵渎 ………………………………… 20

1

爱情不需要包装 ·· 21

幸福在你心中——把握自己的幸福

什么是最大的幸福 ······································ 23

别让欲望抢走幸福 ······································ 24

幸与不幸全在于自己 ···································· 25

拥有一个健康的身体 ···································· 27

从感恩中获得幸福 ······································ 28

学习到底是为了什么——弄清楚学习的真正目的

学历不是"通行证" ····································· 30

大学毕业不等于学习终结 ································ 31

真正要学习的是学习方法 ································ 34

成绩不等于成就 ·· 35

能力比知识重要 ·· 36

第二课 人格魅力胜于金牌

美德验证人生价值——做好人生的品德功课

做人是根本 ·· 40

用真诚赢得信任 ·· 42

信用是人生的一笔财富 ……………………………………… 43

奉献会让生命没有遗憾 ……………………………………… 45

宽容是金 …………………………………………………… 46

忠诚是无价之宝 …………………………………………… 48

富有责任感是人生必备的品质 ……………………………… 49

原则是不可逾越的底线——做一个坚守原则的人

哈佛之所以是哈佛 ………………………………………… 52

不要为权贵放弃原则 ……………………………………… 54

迁就别人也要有底线 ……………………………………… 56

尊重他人的立场和原则 …………………………………… 57

做人要有底线 ……………………………………………… 59

守住你做人的底线 ………………………………………… 60

既要坚守原则又要懂得变通 ……………………………… 62

第三课　以享受的姿态迎接人生

缺陷是一种恩惠——人生不能为追求完美所累

失去是一种获得 …………………………………………… 64

没有人是全才 ……………………………………………… 66

懂得放弃是大智慧 ………………………………………… 68

不要对完美贪心 …………………………………………… 69

人生需要运算 ……………………………………………… 70

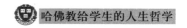
人生没有终点——要学会不断超越

享受不断超越的过程 …………………………………… 72

拥有享受每一天的智慧 ………………………………… 74

生命是一种过程 ………………………………………… 75

准备一个丢弃错误的垃圾桶 …………………………… 76

挫折可以为你增值 ……………………………………… 78

最美的是过程 …………………………………………… 80

快乐根植于心——快乐地生活

阳光人生需要阳光心态 ………………………………… 81

别让贫穷压弯了腰 ……………………………………… 83

不要让心智老去 ………………………………………… 84

平常心成就美丽人生 …………………………………… 85

活在今天 ………………………………………………… 87

成功由心态掌控 ………………………………………… 88

要快乐就要简单生活 …………………………………… 90

热忱让人生更生动——热忱地迎接人生

学会适应压力 …………………………………………… 91

不为打翻的牛奶哭泣 …………………………………… 93

相信脚比路长 · 94

热情创造奇迹 · 95

把热情带入工作 · 97

热忱让人生更生动 · 98

强迫自己采取热忱的行动 · 99

第四课　悟懂人生中美的真谛

真实是人生的最高境界——"真"的才是美的

多追问事情的原委 · 102

以真理为友 · 104

敢于说出事情的真相 · 105

演绎好自我角色 · 106

真实的高度 · 108

自然是美的最高境界 · 109

向未知的事物"进军" · 111

拒绝虚荣心的入侵 · 113

爱是终生受用的财富——千万别放弃爱的权利

爱心可以丰富人生 · 115

父母的爱是伟大的 · 116

爱可以创造奇迹 117

善行是心灵最好的医药 118

富有同情心 120

付出是一种享受 121

用爱温暖人心 122

放低姿态是一种智慧——不要把自己看得太高

不要好为人师 125

自负的人很难进步 127

放下架子 128

不要看低任何人 129

低姿态可以保全自己 131

第五课　找到自己的人生坐标

梦想是成功的翅膀——为人生确定方向

定位改变人生 134

分大目标为小步骤 136

梦想是成功的翅膀 137

贫穷只因无梦想 138

确信目标终究会实现 140

确定自己的职业目标 141

每个人都是金子——认清自己的优势所在

经营你的强项 · 143

每个人都是金子 · 145

一味攀比会使你迷失方向 · · · · · · · · · · · · · · · · · · · 147

不要开错窗 · 148

走出别人给你画的圆 · 149

第六课　人生需要自我超越

人生需要自我激励——用自我激励法应对人生困境

告诉自己"我可以" · 152

人生需要自我激励 · 154

正视思考的巨大力量——做思想的富有者

正视思考的巨大力量 · 157

挣脱你的"思维栅栏" · 158

敢想才能敢干 · 159

创新来自思考 · 161

留点时间思考 · 162

提出一个问题比解决一个问题重要 · · · · · · · · · · · 163

别忘了思考自己失败的原因 165

善于发现问题 166

第七课　习惯左右一生

好习惯受益终生——坚持你的好习惯

习惯的力量 170

耐心的习惯助你成功 171

自我反省的习惯引领你进步 173

珍惜时间的习惯会延长生命 175

注重细节的习惯助你成大事 176

倒掉鞋中的沙砾——避免坏习惯的羁绊

远离懒惰部落 178

远离"找借口"的习惯 179

倒掉鞋中的沙砾 180

刚愎自用只能让你自闭 182

别让坏习惯牵着走——习惯需要用心培养

从今天起改掉不良习惯 184

寻找习惯的空隙 186

好习惯需要用心培养 187

多和有好习惯的人交往 189

第八课　走好人生的性情之旅

性格决定成败——培养优良的素质

坚忍的性格让你成为不倒翁 192

善于合作才能发挥最大的价值 194

勇于冒险 196

自信成就未来 197

不要迷失了自己——张扬自我

世界会因你的与众不同而精彩 199

拥有自我评判的标准 201

保持自我本色 202

要有破茧而出的魄力 204

个性创意让你与众不同 205

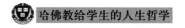
第九课　成功没有形状

成功有很多种——不要为成功设定标准

成功没有止境 · 208

什么是成功 · 209

拥有名利不等于成功 · 212

拥有成功的心态 · 214

要有足够强烈的成功欲望 · 216

等待是成功的天敌——用行动获取成功

等待是成功的天敌 · 217

心动不如行动 · 218

行动创造奇迹 · 219

现在就去做 · 220

成功与绝望为敌 · 221

成功属于坚持到最后的人 · 222

第一课

走进人生的河流

人生不是用来享受的，而是用来经历的。我们一直在思考人生的意义，直到我们即将与它告别。

——[哈佛大学教授] 斯蒂芬·杰·古尔德

人的一生有两大目标：第一，得到你想要的东西；第二，享有你得到的东西。只有最聪明的人才能实现第二个目标。

——[哈佛大学教授] 乔赛亚·罗伊斯

人生是什么

——思考生命的意义

活的是过程

> 人生如一出戏：重要的不是长度，而是表演得是否出色。
>
> ——塞涅卡

哈佛告诉学生：人生是旅途，也许终点和始点会重合，但我们如果一开始就站在始点等待人生的完结，那人生就会是一片苍白，其中没有美丽的风景和令人难忘的过往。当我们告别人生的时候，也不知道生命的色彩和意义。

一位澳大利亚商人到东南亚去旅游，他住在海边的一个小渔村里。他注意到那里有一位渔民，每天在大海中打捞几条鱼便回来了。

商人很奇怪，问："你为什么不多花些时间多捕一些鱼呢？"

渔民说："这些鱼已经够我吃的了，何必多操那份心呢？"

商人问："那你每天还有那么多时间都干些什么？"

　　渔民说："回来和孩子们玩一会儿，和老婆聊聊天，到黄昏的时候，和老哥们一起喝喝酒。"

　　商人很不以为然，他告诉渔民："如果你能按照我说的去做，也许你会生活得更好。"

　　渔民笑着点了点头。

　　商人又说："你在大海中多停留一会儿，抓到更多的鱼，可以卖到更多的钱。有了钱之后，你可以拥有一只大船，甚至一支船队。这样你每天有几十吨的鱼，可以自己开办加工厂，进行直销。你就会拥有大量金钱，有了钱之后你可以去洛杉矶甚至纽约。"

　　渔夫问："到那儿做什么呢？"

　　商人说："到了那里，你可以做更大的生意，变成一个大富翁，你的钱财一辈子也花不完。"

　　渔夫问："那么，再然后呢？"

　　商人哈哈大笑："然后你就可以退休啦！到时你可以搬到你家乡的小渔村去住。每天睡到自然醒，出海随便抓几条鱼，和孩子玩儿玩儿，与老婆说说话，到了黄昏再和老哥们喝喝酒，快快乐乐享受下半生。"

　　同样的人生结局，因为有了不同的过程，而显得意义不同。如果省略了那些曲折动人的奋斗历程，那么也就失去了辉煌而精彩的人生。我们每个人的人生始点和终点在表面看来并无差别，但有的人在即将告别人世时面对的是一张白纸，而有的人面对的是一张色彩斑斓的图画。当走到人生尽头，回首人生过往的时候，只要你能够无悔于自己的一生，你就可以欣慰地和自己的生命告别了。

　　懂得人生意义的人往往不喜欢平稳凡庸的生活，而是有胆量去尝试一些困难的、冒险的但却有内容、有意义的生活。当困难被克服了，险境过去了，才会尝到一些人生的真味，才会真正懂得人生的苦乐。

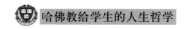

人生没有输赢

> 人生如弈棋，一步失误，全盘皆输，这是令人悲哀之事；而人生还不如弈棋，不可能再来一局，也不能悔棋。
>
> ——弗洛伊德

哈佛告诉学生：人生就如一盘棋，需要你朝着一个目标，踏踏实实地走好每一步。人生没有输赢之分，只要你走好每一步，就成就了无遗憾的一生。

一只屎壳郎，推着一个粪球，在并不平坦的山路上奔走着，路上有许许多多的沙砾和土块，然而，它推的速度并不慢。

在路正前方的不远处，一根植物的刺，尖尖的，斜长在路面上。植物根部粗大，顶端尖锐，格外显眼。也许是冥冥之中的安排，屎壳郎偏偏奔这个方向来了，它推的那个粪球，一下子扎在了这根"巨刺"上。

然而，屎壳郎似乎并没有发现自己已经陷入困境。它正着推了一会儿，不见动静。它又倒着往前顶，还是不见效。它还推走了周边的土块，试图从侧面使劲……能试的办法它都试到了。但粪球依旧深深地扎在那根刺上，没有任何移动的迹象。

观众不禁为它的行为感到好笑，因为对于这样一只卑小而智力低微的动物来说，怎么能解决好这么大的一个"难题"呢？就在这时，它突然绕到了粪球的另一面，只轻轻一顶，咕噜……顽固的粪球便从那根刺里"脱身"出来。

它赢了。

没有胜利之后的欢呼，也没有冲出困境后的长吁短叹。赢了之后的屎壳郎，就像刚才什么也没有发生过一样，几乎没有做任何停留，就推着粪球急匆匆地向前去了。

推得过去，是生活；推不过去，也是生活。这正如下棋，要的就是一种享受和学习的过程，而不是最后赢的结果。我们每个人在人生舞台上都担当着不同的角色，只要演绎好你的角色就可以了。

人生不是用来享乐的

> 一旦你知道，你对别人还有些用处，这时候你才感到自己生活的意义和使命。
>
> ——茨威格

哈佛告诉学生：人活着不只为了享乐，人存在的最大价值在于被他人需要。当你感到这个世界都需要你的时候，你就会产生旺盛的精力。这股力量促使你不惧怕面前的困难和挫折，勇往直前。

在某一城市一家医院的同一间病房里，住着两位相同的绝症患者。不同的是，一个来自乡下农村，一个就生活在医院所在的城市。

生活在医院所在城市的病人，每天都有亲朋好友和同事前来探望。家人前来时宽慰说：家里你就放心吧，还有我们呢，你就安心养病吧。朋友探望时劝慰说：现在你什么也别想，就一门心思养病就行。公司来人时开导说：你放心，公司上的事，我们都替你安排好了，你现在的工作就是养病……

来自乡下农村的患者，只有一位十四五岁的小女孩守护着。他的妻子半个月才能来一次。或送钱，或送些衣物。妻子每次来，总是不停地说这说那，要丈夫为家里的事情拿主意：快要春种了，今年是种"西瓜"还是"茄子"？再过两天，他大叔就要嫁女了，你说送多少贺礼啊？女儿说要跟她表姐去大城市打工，我还没答应，这事要你拿主意……

几个月后，情况发生了戏剧性的变化。

生活在医院所在城市的那位病人，在亲人、朋友、同事一声声"你放心吧"、"你就安心养病吧"的宽慰声里，意识中感觉他们已不需要自己，自己已失去了活着的价值意义，渐渐地失去了战胜病魔的信心和勇气，于是在孤独寂寞与病魔的吞噬中一点点地死去。

来自乡下农村的患者，在妻子大事小事都要自己定夺、拿主意中，意识中感觉家人对自己的不可缺少，自己对家人的重要，意识到自己必须活着，哪怕仅仅是给家人拿些主意，于是一种强烈的求生欲望使他奇迹般地活了下来。

英国思想家霍布斯说过：和其他所有的东西一样，一个人是否举足轻重，在于他自身的价值，也就是说，在于他能发挥多大的作用。如果只是为了自己享受生活，人就不会有太大的拼搏激情。很多父母为了孩子而奔波劳碌，甚至乐此不疲。如果有一天，他们的子女告诉父母，已经不需要他们了，他们的生活必定会失去方向，而变得无所适从。

被别人需要是人的一种天性，也能体现出一个人的价值。在某些特定情况下，一个人如果不被别人需要，也就失去了生存的意义。

过属于你自己的生活

> 不要追随别人的生活，有价值的人生，并不是复制别人的生活，而是利用自己的能力和有用的环境过上"属于自己的生活"。
>
> ——安德鲁·卡内基

哈佛告诉学生：人生的价值不是体现在财产的多少和地位的高低。生活本质的价值并不因外形上的事物而受到影响。判断人生价值的准则是个性。如果按照个性来生活的话，不管你是做一个总统，还是做一个商贩，价值都是相同的。

所有的人生都是宝贵而具有价值的。每一个人的人生都具有他人不可模仿的独特价值。那些过上有意义的生活的人们，他们共同的特征就是不按照别人的路子来走，而是按照自己的个性认认真真地过日子。他们创造了符合自己个性的价值，受到他人的尊敬，也受到他人的羡慕。

从前，有一国王闲来无事，便微服走出宫门，走到一个卖烧饼的老头面前，一时兴起，问老头："一国之中谁是最幸福的人？"

老头答："当然是国王最幸福了。"

国王问："为什么？"

老头说："你想，有百官差遣，平民供奉，想要什么就有什么，这还不幸福吗？"

国王答："希望如你所说吧。"于是与老头共饮葡萄美酒，直到老头醉得不省人事，国王便命人把他抬回宫中，对王妃说："这个老头说，国王是最幸福的，我现在戏弄一下他，给他穿上国王的衣服，让他理理国政，你们大家不要害怕。"

王妃答："遵命。"

等到那老头醒了，宫女便假装说："大王你喝醉了，现在积下很多事情要等你处理。"于是老头被拥出临朝，众人都催促他快些处理事情，他却懵懵懂懂，什么也不知道。这时，旁边有史官记其所言所行，大臣公卿们与之商讨议论，一直坐了一整天，弄得这老头腰酸背痛，疲惫不堪。这样过了几天，老头吃不好睡不香，竟瘦了下来。

宫女又假装说："大王你这样憔悴，是为什么啊？"

老头回答说："我梦见自己是一个卖烧饼的老头，辛苦求食，生活很是艰难，因此就瘦成这样了。"

众人都私下里偷着笑。这老头到了晚上，翻来覆去睡不着，道："我是卖烧饼的呢，还是国王呢？若真是国王，皮肤为什么又这样粗糙呢？若是卖烧饼的，又为什么会在王宫里呢？唉，我的心很慌，眼睛也花了啊。"他竟真分不清自己到底是谁了。

王妃假装问："大王这样不高兴，让歌伎们来娱乐吧。"于是老头喝起葡萄美酒，又醉得不省人事了。后来，宫女们又让老头穿上旧衣服，把他送回到简陋的床上。老头酒醒后，看见自己的破房，粗布衣服一切都是原来的样子，但却浑身酸痛，好像被棍子打过了一样。

过了几天，国王又来到他这里。老头对国王说："上次喝酒，是我糊涂无知，现在我才明白过来啊，我梦见自己当了国王，要审核百官，又有国史记对记错。大臣要来商量讨论国事，心里便总是忧心不安。弄得浑身都痛，好像被打了鞭子一样。在梦里尚且如此，若是真的当了国王，还不更痛苦啊？前几天跟你说的话，实在是不对啊。"

别把别人的生活当作你生活的蓝本，不要为达到别人的水平而努力。有意义、有价值的生活，并没有什么准则。世上并没有任何准则认为，某一种生活是有用且有价值的，从而必须要过上那样的生活。生活的准则就是你自己，对自己的生活全力以赴，就是有意义、有价值的人生。

用平和心态对待死亡

> 我们的生命过程就似渡过一片海洋，我们都相聚在这个狭小的舟中。死时，我们便到了岸，各往各的世界去了。
>
> ——泰戈尔

哈佛告诉学生：生老病死是生命进程中的必然规律，谁都无法抗拒。生命对任何一个人来讲都是宝贵的。

1970年，乔森来到美国西部当兵。一次在－40℃的低温下进行一场拉练实地演习。乔森是位军医，药包、干粮、手枪、弹药，30多千克的背包重重地压在身上。当眼前出现了一座巍峨的雪山时，很多人都有些害怕，领导派人传话："今天不过山，你们都得活活冻死！"

当时，乔森的感受就是痛苦，背包仿佛深深嵌入锁骨，连把它拽下来的力量都没有。他甚至想到了死，但双手却怎么也不听使唤，反而拽得更紧，那是来自生命本能的力量。

在危难时刻，人首先感到的是生命的宝贵，他紧紧抓住背包的手，充分表明了他对生存的渴望，哪怕有一线希望，也要翻过这座雪山，以求得生命的安全。

这是人们在危难时的一种抗争，在困境中的一种挣扎。

我们希望能够对死亡有重新的解释，死亡在我们的概念中不应再是肮脏的、悲惨的，它并不可怕，只是有时我们不能接受它而已。

死亡是生命最后一个过程，有它的存在，生命才得以完整。我们不是要挑战死亡，而是要接纳死亡，这种认识不是凭空而来的，也不是宗教上的认识，而是对生命的重新体悟。

所以，具体到我们每一个人，如果遭遇到病痛的折磨，甚至是受到死亡的威胁时，要以冷静的态度来对待它，这样，你就会减轻许多自身的痛苦。

死亡不是对生命的剥夺，而是生命的告别。人们对死亡的恐惧往往是因为对生命的留恋，但如果你把人生看作一次旅途的话，你就会以平静的心态对待与生命的离别。

死亡是必然的。我们只有以积极的心态面对人生，才能懂得生命的可贵。从容面对死亡，这样的人生才不会有遗憾。

懂得热爱生命

> 没有比生命更宝贵的东西，生命想象不到地短暂。
>
> ——杜伽尔

哈佛告诉学生：要珍惜并热爱自己的生命，因为生命只有一次。不要太在意生命中的缺憾，要珍惜自己所拥有的一切。生命是上帝对我们的眷顾，它成就了你的色彩缤纷的生活。

有一天，佛祖把弟子们叫到法堂前，问道："你们说说，你们天天托钵乞食，究竟是为了什么？"

"世尊，这是为了滋养身体，保全生命啊。"弟子们几乎不假思索。

"那么，肉体生命到底能维持多久？"佛祖接着问。

"有情众生的生命平均起来大约有几十年吧。"一个弟子毫不犹豫地回答。

"你并没有明白生命的真相到底是什么。"佛祖听后摇了摇头。

另外一个弟子想了想说："人的生命在春夏秋冬之间，春夏萌发，秋冬凋零。"

佛祖还是笑着摇了摇头："你觉察到了生命的短暂，但只是看到生命的表象而已。"

"世尊，我想起来了，人的生命在于饮食间，所以才要托钵乞食呀！"又一个弟子一脸欣喜地答道。

"不对，不对。人活着不只是为了乞食呀！"佛祖又加以否定。

弟子们面面相觑，一脸茫然，又都在思索另外的答案。这时一个烧火的小弟子怯生生地说道："依我看，人的生命恐怕是在一呼一吸之间吧！"佛祖听后连连点头微笑。

"对了！对了！人的生命在于呼吸间。你体会到了人的生命的真谛。这一呼一吸就是人的生命。所以你们大家要只争朝夕地修道，不可放松啊！"

生命是虚无而又短暂的，它在于一呼一吸之间，在于一分一秒之中，它如流水般消逝，永远不复回。应该珍惜你的时间，珍爱你的生命。

爱因斯坦曾说过："我们一来到世间，社会就在我们面前树起了一个巨大的问号，你怎样度过自己的一生？我从来不把安逸和享乐看作是生活的目的本身。"

生命短暂得就如一道流星，你稍不留神就会与它擦肩而过，浪费生命无疑是人生的最大悲剧。

人生没有往复

> 人生不发返程车票，一旦出发了，绝不能返回。
>
> ——罗曼·罗兰

哈佛告诉学生：人生只有一次，无悔的人生才是成功的人生。不要奢望"下一次"如何。

在人生的不同阶段，我们常会听到这样的话：

学生时："我这一次没考好，下次一定会考好！"

找工作时："我这次面试没通过，下次一定要通过！"

与恋人分手时："这次没找到好的对象，下次一定要找到比他（她）更好的对象！"

业绩没达成时："我这个月没有达成业绩目标，下个月我会认真达成！"

不知有多少人，总是在期盼和找寻下一个机会。下一次真的会比这一次好吗？

在学校，也许老师会给你补考的机会。但出了学校，步入社会，客户不会轻易给你第二次机会，老板也不一定给你没有把握的冒险机会，敌人更不会给你任何存活的机会。

一个人在进入社会之后，举凡工作面试，主管交付任务，每一次表现，别人都是看在眼里，评在心里的。一流人才，第一次出手就做好了赢的准备与打算。每次出手不是给自己练习机会，而是完成使命必达的任务。二流人才永远相信学校有义务教他，企业或主管有责任栽培他，因此误以为每一次都是在练习，认为成功就在下一次的机会里，他们不懂得体悟第一次出手就制胜的道理。

印度有一位知名的哲学家，天生一股特殊的文人气质。某天，一个女子来敲他的门，她说："让我做你的妻子吧，错过我，你将再也找不到比我更爱你的女人了。"

哲学家虽然也很中意她，但仍回答说："让我考虑考虑！"

事后，哲学家用他一贯研究学问的精神，将结婚和不结婚的好、坏分别列出来，结果发现好坏均等，真不知该如何抉择。于是，他陷入长期的苦恼之中，无论他又找出什么新的理由，都只是徒增选择的困难。最后，他得出一个结论：人在面临抉择而无法取舍的时候，应该选择自己尚未经历过的那一个，不结婚的处境我是清楚的，但结婚会是个怎样的情况我还不知道。对！我该答应那个女人的要求。哲学家来到女人的家中，问她的父亲："你的女儿呢？请你告诉她我考虑清楚了，我决定娶她为妻。"

女人的父亲冷漠地回答："你来晚了10年，我女儿现在已经是3个孩子的妈妈了。"

哲学家听了整个人几乎崩溃，他万万没有想到向来让他引以为傲的哲学头脑最后换来的竟然是一场悔恨，而后两年，哲学家抑郁成疾，临死前，将自己所有的著作丢入火堆，只留下一段对人生的注解：如果将人生一分为二，前半段的人生哲学是"不犹豫"，后半段的人生哲学是"不后悔"。

面对人生，既要有当机立断的决心，更要有永不后悔的气魄。不要以为机会很多，这次没了，还有下一次。即使是世界知名音乐家或是艺术表演者，每一次上台都如临深渊、如履薄冰，在事前不断地排练，务求在观众面前呈现最完美的一面。因为对他们而言，每一场演出，都是全新的第1次，也是最关键的一次。

人生有限，生命弥足珍贵。所以，务必把握当下的每一刻，把每一件小事都当成大事看，用心做好每一件小事。

爱情是生命不可或缺的一部分

——珍惜圣洁的爱情

不要随意丢弃属于你的爱情

> 爱是一朵非常容易凋谢的花。必须受保护，必须受强化，必须被浇灌。唯有如此它才能变得强健。
>
> ——奥修

哈佛告诉学生：爱情是人生中必不可少的，要懂得珍惜纯洁、美好的爱情，不要等失去了才知道它的可贵。

杯子：我寂寞，我需要水，给我点水吧。

主人：好吧，拥有了你想要的水，你就不寂寞了吗？

杯子：应该是吧。

主人把开水倒进了杯子里。水很热。杯子感到自己快被融化了，杯子想，这就是爱情的力量吧。

水变温了，杯子感觉很舒服，杯子想，这就是生活的感觉吧。

水变凉了，杯子害怕了，怕什么他倒不知道，杯子想，这就是失去的滋味吧。

水凉透了，杯子绝望了，也许这就是缘分的杰作吧。

杯子：主人，快把水倒出去，我不需要了。

主人不在。杯子感觉自己压抑死了，可恶的水，冰凉的，放在心里，感觉好难受。

杯子奋力一晃，水终于走出了杯子的心里，杯子好开心，突然，杯子掉在了地上。

杯子碎了。临死前，他看见了。他看见心里的每一个地方都有水的痕迹，他才知道，他爱水，可是，他再也无法完整地把水放在心里了。

杯子哭了。他的眼泪和水融在了一起，奢望着能用最后的力量再去爱水一次。

主人捡着杯子的碎片，一片割破了他的手指，指尖有血。

杯子笑了。爱情啊，到底是什么？

难道只有经历了痛苦才知道珍惜吗？

杯子笑了。爱情啊，到底是什么？

难道要到一切都无法挽回才说放弃吗？

杯子笑了。爱情啊，到底是什么……

爱情是人类最美的语言，爱情能够熨平心底的哀怨。爱情不是失去以后，才懂得去珍惜。爱情需要我们用真心去呵护。生活中不缺乏多姿多彩的爱情，缺乏的是用心灵感悟的永恒的爱情。珍惜那来之不易的爱情吧，别等到失去以后，还站在痛苦的边缘苦苦地询问：爱情啊，到底是什么……

爱情是生命的源泉

> 纯洁的爱情是人生中的一种积极因素，是幸福的源泉。
>
> ——薄伽丘

哈佛告诉学生：爱情是短暂人生中所做的最绚丽、最珍贵、最神秘的精神漫游；爱情是皇冠上的珍珠，格外神圣和珍贵。

1997 年末，一支欧洲探险队，在非洲撒哈拉大沙漠的纵深腹地，遭遇了一场特大风暴。风沙完全毁坏了所有的通信器材和水箱，使这支队伍陷入了绝境。后来搜寻人员几经周折才找到他们，发现除了一对紧紧拥吻的情人外，其余的人都渴死了。

这对情侣为什么能从绝境中生还，科学家们没有做出更多的说明，但好长时间我们都无法不去回想那对情侣的遭遇，回味那爱灌一生的永恒主题。

在那生离死别之际，这对情侣没有懊悔与怨恨，只是相拥在一起，把那充盈着爱情的双唇紧贴。这是爱情的最后一次宣誓，也是与人世慷慨的诀别。他们在恐怖的荒漠中，以情爱之躯构筑起一座挚爱的丰碑。

在那生离死别之际，这对情侣并不恐惧惊慌，他俩的心灵交流着活下去的信念，以爱来抗争，以爱来自救，使生命超越苦难与死亡的羁绊，让生命的琴弦弹发出最强的旋律。

他俩是不幸的。这不幸太突兀太残酷；他俩又是幸福的，因为能与深爱的人生死相依、抵抗死亡。

人生当中有快乐，亦有苦恼，一个人承担这些喜怒哀乐会感到无聊或沉重。爱人是最亲密的伴侣，他可以陪你笑，也可以陪你哭，快乐同分享，苦难共分担。因为有了爱情，人生才被装点得更加丰富多彩。

别让爱成罗网

> 能使你所爱的人快乐，这是世间最大的幸福，错过这样的幸福是荒唐的。
>
> ——罗曼·罗兰

哈佛告诉学生：爱需要自由地呼吸，需要尊重。爱情不是一件物品，可以占为己有，它是建立在彼此独立和自由的基础之上的。我们不能用罗网将爱情套住，被套住的爱情会丧失它固有的光彩。

莉莎和男朋友分手后，处在情绪低落中，从他告诉她应该停止见面的那一刻起，莉莎就觉得自己整个人都被毁了。她吃不下睡不着，工作时注意力无法集中。人一下消瘦了许多，有些人甚至认不出莉莎来。1个月过后，莉莎还是不能接受和男朋友分手这一事实。

一天，她坐在教堂前院子的椅子上，漫无边际地胡思乱想着。不知什么时候，来了一位老先生。他从衣袋里拿出一个小纸口袋开始喂鸽子。成群的鸽子围着他，啄食着他撒出来的面包屑，很快，就飞来了上百只鸽子。他转身向莉莎打招呼，并问她喜不喜欢鸽子，莉莎耸耸肩说："不是特别喜欢。"他微笑着告诉莉莎："当我还是小男孩的时候，我们村里有一个饲养鸽子的男人，那个男人为自己拥有鸽子感到骄傲。但我实在不懂。如果他真爱鸽子，为什么把它们关进笼子，使它们不能展翅飞翔，所以我问他。但他说：'如果不把鸽子关进笼子，它们可能会飞走、离开我，可我还是想不通，你怎么可能一边爱鸽子，一边却把它们关在笼子里，阻止它们要飞的愿望呢？'"

莉莎有一种强烈的感觉，老先生在试图通过讲故事，给她讲一个道理。虽然他并不知道莉莎当时的状态，但他讲的故事和莉莎的情况太相似了。莉莎曾经强迫男朋友回到自己身边。她总认为只要他回到自己身边，一切就都会好起来。但那也许不是爱，只是害怕寂寞罢了。

老先生转过身去继续喂鸽子。莉莎默默地想了一会儿，然后伤心地对他说:"有时候要放弃自己心爱的人是很难的。"他点了点头,但是,他说:"如果你不能给你所爱的人自由,你并不是真的爱他。"

一位年轻的诗人说:"人生的美丽就在于她有情、有爱、有牵挂。"不错,这份情、爱和牵挂即使到了生命的最后一刻也是我们最抛不下的,不知不觉之中,这份情感已经成为一张巨大的罗网把我们罩在了中央。

"没有你我活不下去。"

"你说过我们会永远在一起的,如果你离开,我的生活将失去一切意义。"

"在这个冷酷的世界上,我认为我们的爱情是永远值得看重的。"

如果没有强大的决心,我们根本无法克服心理上的虚弱,从这种罗网中挣脱出来。但是,只有丢弃等待被满足的依赖性需要,保证自己的时间和精力不被平静而不真实的关系耗尽时,我们才可能拥有有意义的关系。曾经体验过亲密关系的人都知道,与一个可以让你保持本色的人相处实在受益无穷。

有不少人始终挣扎在爱与痛的边缘,爱早已成了鸡肋,食之无味,弃之可惜。心灵在爱的罗网中体验不到爱原本应该有的甜蜜和快乐,长期备受折磨的心终归会变得麻木而冷漠,更可怕的是,有的人心早都碎了,打捞起来的只有悲哀和悔恨。

爱情不可以握得太紧

> 爱情是生活中唯一美好的东西,但却往往因为我们对它提出过分的要求而被破坏了。
>
> ——莫泊桑

哈佛告诉学生:爱情如手中的一捧流沙,你握得越紧,流失得越多。

爱情不能完全用理智把握，它需要我们用心体会和感受。

一个即将出嫁的女孩，向她的母亲提了一个问题："妈妈，婚后我该怎样把握爱情呢？"

"傻孩子，爱情怎么能把握呢？"母亲诧异道。

"那爱情为什么不能把握呢？"女孩疑惑地追问。

母亲听了女孩的问话，温情地笑了笑，然后慢慢地蹲下，从地上捧起一捧沙子，送到女儿的面前。女孩发现那捧沙子在母亲的手里，圆圆满满的，没有一点流失，没有一点撒落。

接着母亲用力将双手握紧，沙子立刻从母亲的指缝间泻落下来。当母亲再把手张开时，原来那捧沙子已所剩无几，其团团圆圆的形状，也早已被压得扁扁的，毫无美感可言。

女孩望着母亲手中的沙子，领悟地点点头。

爱情无须刻意去把握，越是想抓牢自己的爱情，反而越容易失去自我，失去彼此之间应该保持的宽容和谅解，爱情也因此而变成毫无美感的形式。

爱情需要自由呼吸的空间，如果你因害怕失去爱情而紧紧地握住它，不给它任何自由的话，那只会事与愿违。只有让爱自由地呼吸，爱情之树才能长得枝繁叶茂。

爱情的美在于执着的追求过程

我们一生中，没有什么比第一次意识与体验到爱的时候更神圣——那阵清风所带来的第一次激动的声音与呼吸，瞬时传遍整个灵魂，将其净化，或将其摧毁。

——朗费罗

哈佛告诉学生：美妙的爱情是一场相互追逐的游戏，它的美丽在于执着的追求过程。如果你真的爱上了一个人，不要害怕拒绝，而是要保持永不放弃的执着。

荷兰足球明星克鲁伊夫曾5次被评为荷兰"足球先生"，3次被评为欧洲"足球先生"。他风度翩翩，言谈举止十分讲究。他曾收到许多姑娘的情书，但他没有理会，因为他要在绿茵场上奔跑。一次，他收到一个用裘皮精装的日记本。每一页上都只有一个名字，他自己亲笔写的名字——克鲁伊夫。一直翻到最后才有一篇文章，那秀丽流畅的笔迹使克鲁伊夫惊诧不已，他一口气读完了它：

"……我已经看过你踢的100多场球，每一场都要求你签名，而且也得到了，我多么幸运啊！当然，对于拥有无数崇拜者的你来说，我是微不足道的一个，'爱是群星向天使的膜拜'，但我敢说，我是最有心计的一个，我多么希望你对我已经有一点印象呵……

"坦率地说，我爱你，这封信花了我整整1个星期，我曾经在月下彷徨，曾经在玫瑰园惆怅，也曾经在王子公园徘徊，好多次想迎着你，我毕竟才19岁，少女的羞涩仍不时漾上脸来，心中只有恐惧和向往……现在，爱神驱使我寄出了这个本子。

"……如果你不能接受我奉上的爱情，请把这个本子还给我，那上面'克鲁伊夫'的名字会给我破碎的心一半的慰藉，那另一半就是你，我多么想也得到那另一半呵……"

这封信的字里行间流露出的真挚感情，深深打动了克鲁伊夫，他终于留下了本子。一星期后，在王妃公园的马达卡亚塑像旁，克鲁伊夫和丹妮·考斯特尔相会了。21岁的世界足球明星和19岁的美丽姑娘一见钟情，遂定金石之盟。

"工夫不负有心人"，在追求爱情方面正是如此。在爱的旅程中，最可贵的精神就是执着。

心中有爱，却不懂得如何去追求爱，你只能在苦苦地等待中看着自己的爱悄悄溜走。被动，使你永远在等待。其实，在许多情况下，自卑是爱的第一大天敌。自卑的人就像一根受了潮的火柴，很难点燃幸福的火花。只有克服自卑，才能燃起心中爱情的烈焰。一个自卑的人并不是实力不如人，而是对自己太过苛求，这是一种性格缺陷。爱情之路上不需要自卑，需要执着。

爱情不需要世俗的亵渎

> 爱情是生命的火花，友谊的升华，心灵的契合。如果说人类的感情能区分等级，那么爱情该是属于最高的一级。
>
> ——莎士比亚

哈佛告诉学生：不论是谁，在爱与被爱之间，在上帝面前，我们任何人都是平等的。若在爱情里面掺杂了和它本身不相关的顾虑，那就不是真的爱情。

爱情和生死一直是人类关注的两大主题。我们的生命因为有了爱情，才更有意义。爱情应是纯洁而美好的，如果用世俗的东西去评判和选择爱情，那就是对爱情的亵渎。

终身大事，事关一生，需谋定而动，在涉足情场之前，应该做好充足的心理准备。也就是说，在心理上摆正爱情的位置，消除传统观念中的偏见，这样才能在涉足情场时，找到你的另一半。这也是你良好的心理素质、道德素质的体现。

不论是谁，在爱与被爱之间，在上帝面前，我们任何人都是平等的。

真正爱一个人，不是在分手以后开始怨恨对方，而是真诚地祝福对方。既然如此，为什么作为局外人的我们，不能坦然地对他们说一声"新婚快乐"呢？假如有真爱存在，那么，世俗就不可能亵渎了它。

一位名叫伊丽莎白·巴莉特的著名诗人，曾是一个终年卧床不起的病人。她不仅重病缠身，而且年近40还没有出嫁。她默默地吞下人生的苦果，闭门拒绝那些慕名求见的人。可是有一天，一位名叫罗伯特·白朗宁的青年诗人闯入了她那深深闭锁的心房。他明知道她有重病，也知道比她小6岁，但仍深深地爱着她。奇迹在伊丽莎白·芭莉特身上出现了，她的病情突然好转，精神状态趋于正常，最后神奇般地站了起来。

相貌并不出众的芭莉特，以其心灵美和行为美，成了白朗宁眼里最可爱的人。

可见，正确地选择爱情、理解爱情就能够得到真正的爱情，而这种正确的态度也正是一个人道德素质、心理素质的最好体现。

只有在世俗人的眼中，相貌、家室、权位和钱财才会成为爱情的绊脚石。爱情是心与心的对话，无须这些世俗之物的加入。能够对恋人之间的感情和恩怨做出评判的，只有他们自己。

爱情不需要包装

> 真正的爱情像美丽的花朵，它开放的地面越是贫瘠，看来就格外悦眼。
>
> ——巴尔扎克

哈佛告诉学生：爱，其实很简单。它不需要华丽的装饰，越是自然越显得美丽。相反，如果对它装饰得太多了，就会使它变得不真实，变得脆弱。

某知名女士讲了这样一个故事：

一天，儿子拿了本杂志问我："假如有3个人向你求爱。第一个喜欢请你吃饭；第二个喜欢给你送花；第三个喜欢写诗赞美你。请问你愿意嫁给哪一位啊？"

"哪一位都不嫁。"

"假如这3个人是1个人呢？"

"那倒愿意考虑。"

"好了，现在这个人已经是你的了，并且你们在一起已经生活了10年。

下面我想问你这么一个问题：10年了，这个男人有点厌倦了，也有点劳累了，他觉得又是送花，又是请吃饭，又是写诗，实在有点啰唆了，他想减掉一项工作，请问你想让他减掉哪一项呢？"

本来我是想敷衍他的，没想到这小子还有一招。于是我放下手中的书，望着儿子调皮又认真的样子，说："你真想知道吗？那就把那顿饭省了吧！"

"好了，又是10年过去了，这个男人认为又是送花，又赞美，还是有点啰唆，他想再减掉一项，请问你想让他减哪一项？"

"你是不是非得让我回答你的问题不可？那就把写诗免去吧！"

"妈妈，你愿意嫁给第二个人。"

其实，我谁都不愿嫁，最后却愿意嫁给一个送花给我的人。假如儿子继续问下去，让我答应再减掉一项，我岂不也愿意嫁给一个既不给我送花，又不请我吃饭，也不给我写诗的人吗？

按正常的顺序问我，我不同意；倒过来，从后往前问，我却无条件地同意了，这到底是为什么？难道这道题有诡辩的成分？

这道题没有一点诡辩的成分。后来我拿过儿子的那本杂志，反复地阅读，发现是爱在起作用。没有爱的时候，你会要求他很多，一旦心中拥有了对他的爱，你就什么都不在乎了。

我们都有过这样的经验，刚谈情说爱的那一阵子，约会时我们要求他提前到达；下雨时，我们希望他拿一把伞出现在公司门口；生日时对他送不送生日礼物，也非常在意。然而一旦真正地相爱，这一切好像都可有可无了。

如果你忘记了爱的内涵，用太多的苛求去禁锢爱情的话，那你就难以领悟到爱的真正滋味。

幸福在你心中

——把握自己的幸福

什么是最大的幸福

> 我们在分给他人幸福的同时，也能正比例地增加自己的幸福。
>
> ——边沁

哈佛告诉学生：做一个能给别人带来光明和幸福的人，才是人生最大的幸福。因为我们的幸福都是十分紧密地与他人，与自己的亲人、朋友、民族的幸福交织在一起的。

一位成功的企业家在远离城市的地方建起了一所学校，他还为这所学校购置了一辆汽车，每天接送孩子上下学。

当一位记者采访他的时候，这位企业家说，他小的时候家境贫寒，买不起自行车，每天上学放学都要走十几里路。他的脚经常打满血泡。有时候，山洪暴发之后，路被冲毁，坑坑洼洼的更加难走，他要在上学的路上走几个小时。

有一位赶马车的老人很同情他，经常在路口等着他，每天都捎他一段路，正是因为这位老人的帮助，他才能够顺利地读完中学，考入大学。

当他的事业如日中天的时候，他经常想起当年赶着马车送他上学的老人，他很想再见一见那位老人，可是他却连老人的名字也不知道。

于是他买了一辆汽车，在当年他走过的山道上，接送像他当年一样走几十里路上学的孩子。企业家说，他所做的一切都是对那位不知姓名的老人的报答。

把有形的东西送给别人之后，自己的手中就会变少，而把幸福送给别人，我们的心中会复制出两份幸福。人类已经变成了一个大家庭，如果不能保证别人繁荣，我们也不可能保证自己的繁荣；如果我们希望自己幸福，同样我们也要希望别人幸福。

别让欲望抢走幸福

幸福的最大障碍就是期待过多的幸福。

——丰特奈尔

哈佛告诉学生：知足是福。在欲望的无止境追求中，幸福已被冲得无影无踪了。

老虎和猎豹一同狩猎。天快黑了，猎豹说："虎弟，我们的猎物已够多的了，现在就回家吧。"

"再等一会儿，我还想猎一只羚羊什么的，才猎几只野兔，你这就觉得满足了，真是没出息。"

突然，一只羚羊从它们身旁一闪而过。老虎立即撒开四腿，猛追过去。却不曾想，天黑路滑，脚下一松劲，滚下了山坡。

等猎豹赶到山坡下时，老虎只剩下最后一口气了。

"猎豹兄,请告诉我儿子一句话:即使拥有整个世界,1 天也只能吃 3 餐,睡 1 张床。"说完这句话后,老虎便断了气。

欲望越大,人越贪婪,人生就越容易致祸!

如果你能做到"身外物,不奢恋",你就能活得轻松,过得自在。遇事想得开,放得下,就不会像伊索寓言里所讲的那样:"有些人贪婪,想得到更多的东西,却把现在所拥有的也失掉了。"

总认为自己拥有的不够多,还想要更多,你就会无视自己手中的幸福,而一心望着那些不可能属于你的东西。如果在欲望的追求中度过一生,那么人生就不会有什么幸福可言。

幸与不幸全在于自己

> 幸福不在万物之中,它存在于看待万物的自身态度之中。如果你接受幸福的态度不正确,即使置身于幸福的环境中,你也会离幸福越来越遥远。
>
> ——本杰明·富兰克林

哈佛告诉学生:幸福和不幸在于自己的心态,也就是怎样看待现在的自己。把痛苦和不幸的标准放在别人的身上,并不能使我们幸福。

如果只看到别人外在的幸福,就轻率地判断那超越了自己的幸福,那么你拥有的幸福也会毫不犹豫地离你而去。很多人感觉不到幸福的原因正是在于盲目地悲叹自己的处境。我们觉得不幸,不是因为自己住的单间房,而是不满意、看不惯租房过日子的自己。

从前,有一个人生前善良且热心助人,所以在他死后,升上天堂,做了天使。他当了天使后,仍时常到凡间帮助人,希望感受到幸福的味道。

一日,天使遇见一个农夫。农夫的表情非常苦恼,向天使诉说:"我家的水牛刚死了，没它帮忙犁田，我怎能下田作业呢？"

于是天使赐他一只健壮的水牛。农夫很高兴。天使在农夫身上感受到了幸福的味道。

又一日，天使遇见一个男人。男人非常沮丧，向天使诉说："我的钱被骗光了，没盘缠回乡。"

于是天使给男人银两做路费。男人很高兴。天使在男人身上感受到了幸福的味道。

又一日，天使遇见一个诗人。诗人年轻、英俊、有才华且富有，妻子貌美而温柔，但却过得不快活。

天使问诗人："你不快乐吗？我能帮你吗？"

诗人对天使说："我什么都有，只欠一样东西，你能够给我吗？"

天使回答说："可以。你要什么我都可以给你。"

诗人直直地望着天使："我要的是幸福。"

这下子把天使难倒了，天使想了想，说："我明白了。"

然后天使把诗人所拥有的都拿走了。

天使拿走诗人的才华，毁去他的容貌，夺去他的财产和他妻子的性命。

天使做完这些事后，便离去了。

1个月后，天使再次回到诗人的身边，

他那时饿得半死，衣衫褴褛地在躺在地上挣扎。

于是，天使把他的一切又还给了他。

然后，又离去了。

半个月后，天使再去看诗人。

这次，诗人搂着妻子，不住向天使道谢。

因为，他得到幸福了。

幸福没有一个固定的标准，幸福与否，只在于你怎么看待。幸福不在别处，而是存在于你的心中。

真正的幸福不是周围的环境所给予的，而是靠自己的努力创造的。即使自己的处境不顺心，也要试着心存感激地接受；即使比别人拿得少，也要想想还有人比自己拿得还少，自己安慰自己，不断地给自己打气，只有这时幸福才会眷顾你。

拥有一个健康的身体

> 健康的躯体是灵魂的客厅，而病体则是监狱。有的人年轻时拼命用健康去换取金钱，年老时却又期望用金钱买回健康，这是做不到的。
>
> ——阿尔伯特·哈伯德

哈佛告诉学生：健康是人生第一幸福。健全的思想来自健全的身体，不论有多么出众的才能和力量，一旦失去了健康的身体，人生也就将化为乌有。

有一个年轻人，总是抱怨自己贫穷，命运不济。他常常自怨自艾地说："我要是能有一大笔钱该有多好！那时候我可以舒舒服服地生活。"

这当儿，有一位老石匠从旁边走过。听了他的话，老人问道："你为什么要抱怨呢？要知道你已经很富有了！"

"我有什么财富？"年轻人困惑不解。"我的财富在哪里？"

"比如你的眼睛，你愿意拿出一只眼睛来换些什么东西吗？"老石匠问。

年轻人慌忙说："你说的什么话？我的眼睛是给什么也不换的。"

老石匠又说："那么让我来砍掉你的一双手吧！我可以给你许多黄金。"

"不，我也决不用自己的手去换黄金。"

这时候老石匠说："现在你该看到了吧，你已经十分富有了。为什么你还总抱怨命运不佳呢？记住我的话：健康——这是无价之宝，是金钱难以买得到的。"说完老石匠就走了。

27

注意身体健康，在用丰富而有益的食物来滋养你的智慧的时候，千万别忘记在这个世界上，身体是智慧的永恒伴侣，整个机器的状况好坏都取决于它。健康的身体是幸福之本，也是成功之本。

可是，在现实生活中，有很多人不重视自身的健康，以牺牲健康为代价去赚钱敛财，这实在是一种缺乏见识的行为。许多人年轻时不顾惜身体，拼命工作去换取金钱，年老时却又用大量金钱去买健康，其实这是做不到的。获得健康并不一定要花太多的时间和金钱，只要选择适合自己的方式坚持运动并持之以恒就行了。

从感恩中获得幸福

幸福生长在我们自己的火炉边，而不能从别人的花园中采得。

——杰罗尔德

哈佛告诉学生：感恩是幸福和成功的来源，人应该持之以恒地怀有这种感情。无论你获得了怎样的生活，你都要心存感激。

很多人生活不幸福，很大程度上是因为他缺少感激之情。当他获得生活的馈赠之后，他没有感激，而是认为一切都理所当然，这样他就渐渐失去了对别人的亲近和支持，失去了接近美好事物的机会。没有感激之心，人心就会充满各种怨恨和不满，这样他就会牢牢记住那些不如意的事情。久而久之，他就失去了对生活的美好展望，继而开始变得悲观失落。这样的人，怎么会与成功结缘？

允许你心藏自卑之事，你就会变得更加自卑，自卑情绪也就会更加放肆地包围着你。

一个原本英俊的雕塑家，突然发现自己的面貌、行动举止以及神情都变得丑陋可怕。他为此苦恼万分，遍访名医均无良方。一个偶然的机会，他来到一座庙宇，向寺内一大师寻求帮助。大师了解情况之后说："我可以恢复你的相貌，但你必须先为我的庙宇做一年工，为我们雕塑几尊神态各异的观音偶像。"

这位雕塑家细心琢磨观世音的面貌、表情和形态举止，那种慈祥、善良、圣洁和正义的形象深深刻印在他的心中，使他渐渐达到了忘我的境界。

当他工作完成的时候，大师带他来到镜子跟前。他惊喜地发现，自己的外貌已经变得神清气朗、端正英武。他感谢大师治好了他的相貌，大师告诉他："是你自己治好了自己，你的病根是过去一直在雕塑地狱魔鬼。"

对人生、对大自然的一切美好事物，我们都要心存感激，将它们的美深藏在我们心中，让我们自己能时时受到美好事物的熏染，如此，我们的生活也会变得美好。

学习到底是为了什么

——弄清楚学习的真正目的

学历不是"通行证"

> 所谓教育，是忘却了在校学的全部内容之后剩下的本领。
>
> ——爱因斯坦

哈佛告诉学生：不要把你的学历作为"通行证"。学历并不能代表能力，它只是你曾经学习过的证明。

在最初涉世的时候，我们怀着美好的理想走入社会，却碰上了一个又一个的难题。首先就是学历问题，没有本科学历或学历太低，是通向成功路途的羁绊。播下种子，却没有开花，不必灰心失望，我们注重的不是妖艳的花朵，而是沉甸甸的果实。

努力学习了，即使最后没有如愿拿到学历，没有得到那个"证明"，你也要相信自己的能力，只要还拥有学到的知识和拼搏的精神，你就有成功的机会。

一天午后，一位老妇人走进费城一家百货公司，大多数的柜台人员都不理她，只有一位年轻人问是否能为她做些什么。当她回答说只是在避雨时，这位年轻人并没有推销给她不需要的东西，也没有转身离去，反而拿给她一把椅子。

雨停之后，老妇人向年轻人说了声谢谢，并向他要了一张名片。几个月之后这家店主收到一封信，信中要求派这位年轻人去苏格兰收取装潢一整座城堡的订单！这封信就是那位老妇人写的，她正是美国钢铁大王卡内基的母亲。

许多农村的孩子学习条件并不好，可他们通过努力考上了大学。这正是运用了补偿的方法——"勤于学业"，力争取得"好成绩"，他们成功了。

顺利拿到大学文凭的学子们，即使踏入社会也不一定能够顺利成就事业，学历只代表过去的成绩，而真正的成功还须日后努力奋斗得来。

学历只是你学习成绩的见证，并无法准确反映你的综合水平。踏入社会后，一个人的品德、修养、性格对其发挥的作用远远大于学习成绩所发挥的作用。

大学毕业不等于学习终结

> 人永远是要学习的。死的时候，才是毕业的时候。
>
> ——萧楚女

哈佛告诉学生：只有不断地学习，才能不断地适应外部环境的变化。一旦学习停滞了，适应就停滞了。适应新时代的生存方式，就是不断学习、终身学习。只有做到终身学习的人，才能不断获得新信息、新机遇，才能不断获得高能力、高素质，才能够不断地走向成功。

在人的一生中，要持续不断地学习。学习始于生命之初，终于生命之末，即从摇篮到坟墓，一辈子持续不断。它宣告了"学历社会"的终结，宣告了把人生分为两半——学习和工作（"充电"和"放电"）的传统观念的错误。终身学习，成为迎接新世纪挑战的高能武器，越来越受到全世界的高度重视。

这是美国东部一所大学期终考试的最后一天。在教学楼的台阶上，一群工程学高年级的学生挤做一团，正在讨论几分钟后就要开始的考试，他们的脸上充满了自信。这是他们参加毕业典礼和工作之前的最后一次测验了。

一些人在谈论他们现在已经找到的工作，另一些人则谈论他们将会得到的工作。带着经过4年的大学学习所获得的自信，他们感觉自己已经准备好了，并且能够在社会中游刃有余。

他们知道，这场即将到来的测验将会很快结束，因为教授说过，他们可以带想带的任何书或笔记，要求只有一个，就是不能在测验的时候交头接耳。

他们兴高采烈地冲进教室。教授把试卷分发下去。当学生们注意到只有五道评论类型的问题时，脸上的笑容更加扩大了。

3个小时过去了，教授开始收试卷。学生们看起来不再自信了，他们的脸上是一种恐惧的表情。没有一个人说话，教授手里拿着试卷，面对着整个班级。

他俯视着眼前那一张张焦急的面孔，然后问道："完成5道题目的有多少人？"

没有一只手举起来。

"完成4道题的有多少？"

仍然没有人举手。"3道题？2道题？"

学生们开始有些不安，在座位上扭来扭去。

"那1道题呢？当然有人会完成1道题的。"

但是整个教室仍然很沉默。教授放下试卷，"这正是我期望得到的结果。"他说。

"我只想要给你们留下一个深刻的印象，即使你们已经完成了4年的工程学习，但关于这项科目你们仍然有很多的东西还不知道。这些你们不能回答的问题是与每天的普通生活实践相联系的。"然后他微笑着补充道："你们都会通过这个课程，但是记住——即使你们现在已是大学毕业生了，你们的教育仍然还只是刚刚开始。"随着时间的流逝，教授的名字已经被大家遗忘了，但是他教的这堂课却从来不曾被遗忘。

1994 年 11 月，在意大利罗马举行了"首届世界终身学习会议"，提出"终身学习是 21 世纪的生存概念"，强调如果没有终身学习的意识和能力，就难以在 21 世纪生存。终身学习，理所当然地成为新世纪的生存方式。比终身学习更进一步，应当是终身学习化。所谓"化"者，正所谓彻头彻尾、彻里彻外。

终身学习化与终身学习有所不同。终身学习，只是强调走出校门，走上工作岗位，需要学什么就要及时充电，接受培训，直到老了也要学习，活到老，学到老。

终身学习化，不仅要终身学习，而且要使学习完完全全地融入生活，融入工作，做到生活学习化、工作学习化。生活学习化，就是使生活成为锻造性格的课堂、锻造素质的熔炉。工作学习化，不是工作之余的学习，而是工作本身就成为一种学习。终身学习化就是把学习融入人生的每时每地，成为"全时空学习"。终身学习化是终身学习的深化、升华和飞跃。如果说终身学习是新世纪的生存手段，那么终身学习化就是新世纪的生存目的。

终身学习化，就是人生学习化。要使我们的人生成为"学习化的人生"，就要不断地在实际生活中学习，在实际工作中学习，终生都做到"无一事而不学，无一时而不学，无一处而不学"。

假使你真有向上的志愿，假使你真想补救你没有知识的损失，你应当记住，你每天所遇见的每个人，都能增益你的知识。假使你遇见的是一个印刷匠，他也能灌输你许多印刷的技术；一个泥水匠，能告诉你建筑方面的技巧；一个普通的农夫，有他做人、做事的经验，你能从他身上得到许多人情世故。

大学毕业不等于学习终结。即使你已经大学毕业，但你的教育仍然还只是刚刚开始。这是一个终身教育的时代，谁不知道学习，谁不知道更新自己的知识结构，谁就会被社会淘汰。

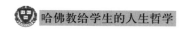

真正要学习的是学习方法

真正的学者知道怎样从已知引出未知，并且逐步接近于大师。

——歌德

哈佛告诉学生：学习的真正目的并不在于记忆、存储，或是学会运用某种特定技巧，而是在于学到终身学习的能力。要具备终身学习的能力，关键就在于必须"学习如何学习"。

珍尼特·沃斯和戈登·德莱顿在《学习的革命》一书中认为：

"真正的革命不只在学校教育之中，它在学习如何学习，在学习你能用于解决任何问题和挑战的新方法中。"

急遽的全球性转变，资讯光速流转，机会转瞬即逝，环境的迅速变化向任何人都提出了新的挑战——因循守旧，还是创新超越。在巨变的洪流中，无论企业或个人，凡是依赖于旧有的知识和依循以往的方式解决新问题，终将无法逃脱被淘汰的命运。

别无选择，只有"变"才能应变。佛经教义说，变，才是唯一的不变。

"变"是新的挑战下唯一不变的生存之道。那么，如何应变甚至导变呢？那就是学习如何学习。只有具备"如何学习"的能力，才能在骤增的资讯中有所取舍，在"全时间"、"全环境"中因时、因地、因事、因变地进行学习创新，从而更高效地实现自己的目标。也只有如此，你的时间才是用在最有生产力的地方，而效率就是竞争力。

台湾企业战略专家石滋宜博士认为：

懂得如何学习的人，自然能掌握变化、掌握趋势。

懂得如何学习的人，自然有事业心、有应变力。

懂得如何学习的人，自然能够有创造力、有前瞻性。

过去我们说，不愿学习是愚蠢，而加拿大媒体怪杰麦克鲁汉更直言：

"不会学习，是一种罪恶。"

所谓"会学习"、"如何学习"，实质就是倡导一种创造性学习、高效学习。如何能更有效、更高效地学习，这本身就是知识和学问。

学习很重要，学习如何学习更重要。

不学习的人，不如好学习的人，好学习的人，不如会学习的人。

成绩不等于成就

教育的第一目的是做人，而不是学识。

——欧尼斯特·乔普生·萨顿

哈佛告诉学生：成绩和成就不一定成正比，你不能以学业的成败评估自己未来的成就。

哈佛教授亨利·B.雷林（H.B.Reling）曾讲过："为了发现与学生未来成功相关的因素，哈佛商学院做了大量的调查研究。调查结果显示：一个学生在学校里的成绩与他将来的成就之间并无关系。短期内还有点关系，而长期内根本没有什么关系。"

作为一名学生，必须能够正确认识短期学业上的成败。生活之路是很漫长的，即使是哈佛大学最顶尖和最失败的学生也必须走完剩下2/3的人生旅程。在学业上跑在前面的人，在长跑中往往会黯然失色，起初落后的人却往往会后来居上。

一项研究表明，在智力水平相当的天才儿童中，成就最高者和成就最低者之间的差距相当大，那些最成功的人士都有两个区别于他人的特征：高度的自信和恒心，或者说充满豪情壮志。

有句古谚说实践出真知，而真正聪明的人懂得从他人的经验中学习。影响成功的因素有很多：

首先是处理失意的能力。非常成功的人士都能够饱受学习的失意而始终坚持不懈。在你的职业生涯中你将会遭遇一些极为扫兴甚至痛苦的事情。你可能在一个很好的公司里工作，突然公司不需要你了，而你不得不走人。

成功的人总是在生活中勇往直前，富有弹性地面对失意和挫折。有时候许多人由于早年经历了太多成功——进入了自己所选择的大学，或毕业于名牌大学，他们不知道该如何摆脱失意或失败的情绪而勇往直前。他们更像一个可爱的瓷茶杯：高雅、精致、美观——但是逆境袭来时则脆弱不堪。

第二是运气——这里的运气并不是指生于达官显贵之家，或者是中了大奖。如果你遗传了好的基因，接受了良好的教育，拥有关心你并给你提供好建议的人或导师，如果你生于这个世纪而不是中世纪，那么你的好运便已多于你应该获得的了。幸运并不意味着安逸的生活，而是你的机遇。一个人，即使再有才能，但如果没有机遇，也很难让自己的才能得以发挥。

第三是公正感。你应该对他人公正。要获得成功，你必须有最优秀的人为你工作。如果你不公正或阴险地对待他人，他们会选择离开。你不得不让二流的人接管他们的工作，而同一群二流员工一起工作是很难取得成功的。

这几种能力的高低在学业上很难体现，而这几种能力是成功的必备因素。不要被成绩左右，成绩并不等于成就。

能力比知识重要

你知道得很多，但如果你不善于把你的知识用于你的需要，那就没有什么用处。

——彼得·杜拉克

哈佛告诉学生：学习的本质就是培养人的思考能力和创造能力，只有通过学习，掌握了这些能力，才能让我们更加卓越。

有一天，一名大学教授到一个落后乡村游山玩水。

他雇了一艘小船游江，当船开动后教授问船夫："你会数学吗？"

船夫回答："先生，我不会。"

教授又问船夫："你会物理吗？"

船夫回答："物理？我不会。"

教授又问船夫："那你会用计算机吗？"

船夫回答："对不起。我不会。"

教授听后摇摇头说道"你不会数学，人生已失去2/6；不会物理，人生又失去1/6；不会用计算机，人生又失去1/6；你的人生总共已失去4/6……"

说到这儿，天空忽然飘来大片黑云，随后吹来强风，眼看暴风雨就要来到。

船夫问教授："先生，你会游泳吗？"

教授愣一愣答道："不会。没学过。"

船夫摇摇头说道："那你的人生快要全部失去了……"

一个人拥有多少知识，并不能证明他就拥有多少能力，也就是说，知识与能力并不是成正比的。有渊博的知识固然是件好事，但人生首先最需要的并不是渊博的知识，而是生存的能力。

青少年朋友只有通过学习，掌握一种能力，并让这种能力适应千变万化的社会需求，才能更好地生存和发展。

有人说，真正的"铁饭碗"，不是在一个地方总有饭吃，而是走到哪里都有饭吃，也就是到哪里都有生存的能力。

曾经的"高工资、低付出"仅仅是一种生存状态，而技能与技术却是一种生存能力，只有掌握能力的人，才能更好地生存下去。

知其然，仅仅是一种状态，知其所以然，则是一种能力。

学习成绩只是一种状态，思考与创新却是一种能力。我们学习的目的，正是为了获取这种能力。

所以，孔子说："学而不思则罔。"卢梭说："读书不要贪多，而是要多加思索，这样的读书才能受益匪浅。"

这些伟人的良言，就是要告诫我们青少年，要学以致用，不要用书本中的知识来替代自己的思考。只有积极地思考，才能触摸到知识的灵魂，才能将知识转化为生存的精彩，所谓"六经注我"，而不是"我注六经"。

有一位伟人说过："学习是学习，学习的学习也是学习，而且是更重要的学习。"青少年朋友尤其要注重"学习的学习"，从各个方面塑造培养自己的综合能力。

尽信书不如无书，书本中的理论只有与实践相结合，才能转化为生存的能力。

做到这一点其实很简单，我们只要细心观察生活中的一些现象，并有意识地在自己的头脑中找出理论印证就可以了。比如说，老师在课堂上传授给我们作文的方法和要点，读书的时候，就可以用这样的理论衡量一篇文章的结构，从中找出为什么好、为什么不好，这些共性的经验，可以反过来促进我们的作文水平，培养我们理论与实际相结合的能力。

学习归根究底是为了应用，所以，我们要在日常的生活中，积累一些有用的经验和知识，从"无字句处"读书，这也是我们打造生存能力的一个重要途径。

数学运算阻碍物理的研究，牛顿就创造了微积分；工具的简陋影响了手艺的发挥，鲁班就发明了锯。这些都是在学习中创造、学以致用的典范。

青少年朋友更要在实践中突破各种束缚，主动应用新的技能，创造新的观点，这样我们在未来社会中的生存才能说有了保障。

古人说："授我以鱼，只供一饭之需；教我以渔，则终身受用无穷。"在学习中探索生存的技能，在生存中体会学习的真谛，人才会越来越成熟！

第二课

人格魅力胜于金牌

人格优于知识。

　　　　　——［哈佛大学教授］罗伯特·科尔斯

　　正义是社会体制的第一美德，就像真实是思想体系的第一美德一样。

　　　　　——［哈佛大学教授］约翰·罗尔斯

美德验证人生价值

——做好人生的品德功课

做人是根本

> 品格是一种内在的力量，它的存在能直接发挥作用，而无须借助任何手段。
>
> ——爱默生

哈佛告诉学生：如何做人应是人生的第一课。一个人首先应该是一个堂堂正正的人，并且一生都为之不懈地努力奋斗。

对于一个人来说，无论他取得的成就有多大，最令他骄傲和欣慰的事就是他从来没有不良记录。

罗斯福年轻的时候就下定决心绝对不做有损自己声誉的事情。在他工作的时候，在他结交朋友的时候，在他的日常生活中，他从来不允许自己做出有损自己名声的事情，即使那样会让自己失去部分财富，失去一些朋友，他也在所不惜。在他成为美国历史上政绩显赫的总统前他就是这样要求自己的。

在他的政治生涯当中，他有很多发大财的机会，只要他不那么正直，不那么秉公执法，只要他稍微利用一下自己的政治地位和权力……但是罗斯福没有这么做，他从来不会做违背良心和有损声誉的事情。他不想让自己的政治生涯有任何的污点。如果在某一个职位就必须放弃自己做人原则的话，他宁可放弃那个职位。他不允许自己去拿一分来路不明或者不干净的钱。尽管这样他会得罪很多人，也会给自己制造很多麻烦，但是他依然恪守自己做人的原则。事实上，很多人虽然记恨他"不给情面"，但却又非常敬佩他的正直和诚实。

在日常生活中，一个人的人品常常被很多人忽略。他们看一个人往往看他是否精明能干，是否声名显赫，但是他们却很少强调这个人是否诚实，是否正直。显然他们并没有把一个人的人品放在重要的位置上。很多人非常敬佩那些诚实、正直、勇敢的人，可是他们却很少要求自己这样做。就好像很多商人其实知道做生意应该讲信誉和实力一样，可是他们却往往靠欺瞒、夸大事实和其他伎俩来赚钱。一个人的人品是非常重要的，是其他东西无法代替的。金钱财富、地位权力都无法弥补一个人人格上的缺陷。一个人不论他多富有，也不论他有多大的权力，如果在他的人品中找不到诚实与正直，那么他就永远不可能成为一个真正的成功者。当人们提到他的名字时，即使有羡慕之心，也不会有敬佩之情。

有些商人成了大富翁，可是他们却难以得到员工的爱戴和崇敬，因为这些富翁在金钱和物质财富上虽然占有优势，但是他们在人格上却处于劣势。他们唯利是图，很少真正设身处地为自己的员工考虑，而且有时候他们甚至不惜借用卑劣的手段剥削员工为自己谋取财富。人们向来尊重那些人格高尚的人。诚实正直的人即使没钱财，没权位，也同样会受到人们的爱戴。

哈佛告诉学生：无论你遭遇什么情况，你都应该坚持自己做人的原则。你挣的每一分钱都应该是正大光明的，而不是违背良心的。大胆告诉你的老板，你不会接受任何有问题的工作，因为你不愿违背自己的良心，不想

出卖自己的真诚和正直。

哈佛告诉我们：当你开始踏入社会后，不论你从事什么工作，你都应该先做好一个人，你不能仅仅因自己是一个律师、医生、商人或者农民等等就放纵自己。你必须记住：一个人首先应该是一个堂堂正正的人，并且一生都要为之不懈地努力奋斗！

用真诚赢得信任

> 真诚是一种心灵的开放。
>
> ——拉罗什富科

哈佛告诉学生：真正的人格魅力是真诚的自我表露。当你把自己真实的一面真诚地展示给别人时，你就赢得了信任。

哈佛刚毕业的女大学生乔瑟琳到一家公司应聘财务会计工作，面试时即遭到拒绝，因为她太年轻，公司需要的是有丰富工作经验的资深会计人员。乔瑟琳却没有气馁，一再坚持。她对主考官说："请再给我一次机会，让我参加完笔试。"主考官拗不过她，答应了她的请求。

结果，她通过了笔试，由人事经理亲自复试。

人事经理对乔瑟琳颇有好感，因她的笔试成绩最好。不过，乔瑟琳的话让经理有些失望，她说自己没工作过，唯一的经验是在学校掌管过学生会财务。他们不愿找一个没有工作经验的人做财务会计。人事经理只好敷衍道："今天就到这里，如有消息我会打电话通知你。"

乔瑟琳从座位上站起来，向人事经理点点头，从口袋里掏出1美元双手递给人事经理："不管是否录取，请都给我打个电话。"

人事经理从未见过这种情况，竟一下子呆住了。不过他很快回过神来，问："你怎么知道我不给没有录用的人打电话？"

"您刚才说有消息就打，那言下之意就是没录取就不打了。"

人事经理对年轻的乔瑟琳产生了浓厚的兴趣，问："如果你没被录用，我打电话，你想知道些什么呢？"

"请告诉我，在什么地方没能达到你们的要求，我在哪方面不够好，我好改进。"

"那1美元……"

没等人事经理说完，乔瑟琳微笑着解释道："给没有被录用的人打电话不属于公司的正常开支，所以由我付电话费，请你一定打。"

人事经理马上微笑着说："请你把1美元收回。我不会打电话了，我现在就正式通知你，你被录用了。"

就这样，乔瑟琳用1美元敲开了机遇大门。

面对拒绝首先要有坚毅的品格，没有足够的耐心和毅力是不行的。要表现出自己的真诚，更要有直面不足和敢于承担责任的勇气；要具有灵活的思维，巧妙地展示自己的良好品德，这是从事任何工作都不可或缺的。

信用是人生的一笔财富

信用既是无形的力量，也是无形的财富。

——松下幸之助

哈佛告诉学生：人的一生有许多财富，其中信用就是一笔不小的财富。

麦克是一家私营公司的老板，那年他向友人借了一笔钱，没有财产担保，也没有存单抵押，有的只是一句话："相信我，年底无论如何都还你。"

到了年底，麦克的公司资金周转非常困难，外债催不回来，欠款又催得紧，为了还朋友这 30 万元，他绞尽脑汁才筹足 20 万元，余下的 10 万元怎么也筹不到。怎么办？老婆劝他给朋友求求情，宽限两个月，麦克摇摇头，公司里的"高参"给他出主意说：反正你朋友也不急用钱，不如先还朋友 20 万元现金，其余的开一张空头支票，等账户上有了钱再支付。麦克勃然大怒，他认为这位高参是个没有信用的人，就毫不犹豫地辞退了他。

麦克最终横下一条心，与老婆郑重商量后，把房子 10 万元低价卖出去，终于筹齐了 30 万元。

一家人在市郊租了间房屋住。

朋友如期收回了借款，星期天准备约一帮人到麦克家去玩玩，却被他委婉地拒绝了，朋友不明白平日豪爽的麦克为何变得如此"无情"，便一个人驱车前去问个究竟。当朋友费尽了周折在一间农舍里找到麦克的"家"时，只觉得热血沸腾，眼睛湿润。他紧紧地拥抱着麦克，一个劲地点头，临别时掷地有声地留下一句话："你是最讲信用的人，今后有困难尽管找我！"

不久，麦克的公司陆续收回了欠款，生意做得红红火火，他又买了新房、添了小车。然而天有不测风云，正当他在商场上大展拳脚时，却被一家跨国公司盯上了，那家公司千方百计挤占他的市场，并勾结其他公司骗取他的贷款。麦克的公司遭受了沉重的打击。公司垮了，车子卖了，房子押了，他破产了，不仅一无所有，而且负债累累。

麦克想重整旗鼓，但是巧妇难为无米之炊，他想贷款，却没有担保人和抵押物。他向亲友借，然而很少有与他在钱上打交道的亲戚，怎会轻易将大把的钱借给他呢？在他走投无路的时候，他又想起那位曾经借钱给他的朋友。他带着试一试的心理，找到了朋友。朋友没有嫌弃失意的他，不顾家人的反对，毅然借给了他 40 万元。他有些颤抖地捧着支票，咬咬牙，坚定地说："最多两年我一定还给你！"两双关节粗大的手紧紧地握在一起，朋友点头说："我信！"

曾经溺过水的麦克再到商海里搏击，自然会小心谨慎，而又遇乱不惊。他又成功了，两年后他不仅还清了债务，而且还赚了一大笔。重新跨入大款行列。每每有人问他怎样起死回生时，他便会郑重地告诉你："是信用！"

确实，信用本身就是一笔财富，生活中的任何人都不应该有意无意地丢弃它。一个不讲信用的人是很难在社会上立足的。信用是帮助你走向成功的阶梯，它是你生命中最有价值的财富之一，可以为你赢得朋友和机会。

奉献会让生命没有遗憾

> 我们一再坚持我们的贡献，那是因为，只有这种看法才能有权利在世界上赢得人类的同情。
>
> ——罗丹

哈佛告诉学生：只要我们将自己奉献给他人，爱对我们而言便是随手可得的。我们的爱给予他人，我们会因此得到更多的爱。

菲娜是一名老师，只要有时间，她便从事一些艺术创作。在她28岁的时候，医生发现她长了一个很大的脑瘤，他们告诉她，做手术存活概率只有2%。因此他们决定暂时不做手术，先等半年看看。

她知道自己有天分，所以在6个月的时间里，她疯狂地画画及写诗。她所写的诗除了1首之外，其余的都被刊登在杂志上。她所有的画，除了1张之外，都在一些知名的画廊展出，并且以高价卖出。

6个月之后她动了手术。在手术前的那个晚上，她决定要将自己奉献出来——完全地、整个身体的奉献。她写了一份遗嘱，遗嘱中表示如果她死了，她愿意捐出她身上所有的器官。

不幸的是，菲娜的手术失败了。手术后，她的眼角膜很快地就被送去马里兰一家眼睛银行，之后被送去给在南加州的一名患者，使一名年仅28岁的年轻男性患者得以重见光明。他在感恩之余，写了一封信给眼睛银行，感谢他们的存在。进一步地，他说他要谢谢捐赠人的父母，能养育出愿意捐赠自己眼角膜的孩子，他们一定是一对难得的好父母。他得知他们的名字与地址之后，便在没有告知的情况下飞去拜访他们。菲娜的母亲了解了他的来意之后，将他抱在怀中。她说："孩子，如果你今晚没有别的地方要去，爸爸和我很乐意与你共度这个周末。"

他留下来了。他浏览着菲娜的房间，发现她曾经读过柏拉图，而他以前也读过柏拉图的点字书；他发现她读过黑格尔，而他以前也读过黑格尔的点字书。

第二天早上，菲娜的母亲看着他说："你知道吗，我觉得我好像在哪儿见过你，可是就是想不起来。"突然她想到一件事，她上楼抽出菲娜死前所画的最后一幅画，那是她心目中理想男人的画像。画上的男人和这个年轻人几乎一模一样。

然后她母亲将菲娜死前在床上写的最后一首诗读给他听：

两颗心在黑夜里穿梭，

坠入爱河，

但却永远无法抓到对方的眼神。

最彻底的、最善良的爱让菲娜无私奉献她的生命，这种奉献超越了物质实体，在精神世界中，奉献为爱赢得了永生。奉献不是减法，而是加法。你奉献了，但你并没有失去，相反，你会得到意外的收获。也许你的奉献只是举手之劳，但却会给他人带来满世界的光明。播撒奉献的种子吧，它们会让世界变得更温暖。

宽容是金

> 豁达的心胸能够修补专事诽谤的恶舌。
>
> ——荷马

哈佛告诉学生：不是做了错事得到报应才算公平。我们应该彼此宽容，每个人都有弱点与缺陷，都可能犯下这样那样的错误。我们要竭力避免伤害他人，要以博大胸怀宽容对方。

从前有一个富翁，他有3个儿子，在他年事已高的时候，富翁决定把自己的财产全部留给3个儿子中的1个。可是，到底要把财产留给哪一个儿子呢？富翁于是想出了一个办法：他要3个儿子都花一年时间去游历世界，回来之后看谁做到了最高尚的事情，谁就是财产的继承者。

1年时间很快就过去了，3个儿子陆续回到家中，富翁要3个人都讲一讲自己的经历。

大儿子得意地说："我在游历世界的时候，遇到了一个陌生人。他十分信任我，把一袋金币交给我保管，可是那个人却意外去世了，我就把那袋金币又原封不动地还给了他的家人。二儿子自信地说："当我旅行到一个贫穷落后的村落时，看到一个可怜的小乞丐不幸掉到湖里了，我立即跳下马，从河里把他救了起来，并留给他一笔钱。"三儿子犹豫地说："我，我没有遇到两个哥哥碰到的那种事，在我旅行的时候遇到了一个人，他很想得到我的钱袋，一路上千方百计地害我。我差点死在他手上。可是有一天我经过悬崖边，看到那个人正在悬崖边的一棵树下睡觉，当时我只要抬一抬脚就可以轻松地把他踢到悬崖下，我想了想，觉得不能这么做，正打算走，又担心他一翻身下悬崖，就叫醒了他，然后继续赶路。这实在算不了什么有意义的经历。"富翁听完3个儿子的话，点了点头说道："诚实、见义勇为都是一个人应有的品质，称不上是高尚。有机会报仇却放弃，反而帮助自己的仇人脱离危险的宽容之心才是最高尚的。我的全部财产都是老三的了。"

恩将仇报的事情是屡见不鲜的；有机会报仇却放弃，反而帮助自己的仇人脱离危险的人和事并不多见。但只有这么宽容和豁达的人，才能享受人生的最高境界。德国伦理学家包尔生曾说过："宽容是这样一种德行：不为个人所受的伤害进行回报而且不看重这些伤害，也不去抓住报复的机会，即使在这种机会已经提供给他的时候。"

宽容是一种美德，怀有这种美德的人将会避免很多不必要的精神困扰，始终怀有愉悦的心情去生活；宽容是一种境界，能够达到这种境界的人是智力发达之人，他将看到广阔多彩的前景，会感觉到世界上所有的人都冲他微笑。

忠诚是无价之宝

> 做一个有信义的人胜似做一个有名气的人。
>
> ——罗斯福

哈佛告诉学生：一个人若拥有忠诚的品质，自然便能赢得人们的敬重和信任。相反，一个人如果缺乏忠诚之心，往往掩蔽不了，一不在意就会表露出来，从而遭人鄙视和唾弃。

有一次，一位姑娘到机场送一个日本教师回国。在行李检查处，有人衣服的口袋里滚落出一枚1角的硬币，可能是不在乎这区区1角钱，那人没有捡起来，这位姑娘弯腰将1角硬币捡了起来，并用手轻轻地拂去上面的尘埃，快步向前，把这枚硬币交给那人。对方起初觉得尴尬，不肯接收，甚至面有愠色，她便对那人说道："先生，你可以不在乎这1角钱，但在这上面有我们的国徽，不能任人践踏！"看到这一幕，在场的人都对这位姑娘对国家的忠诚深表敬重。她让他们相信：生活和工作上她一定也是一个忠于职守的人。

忠诚的品质能赢得人们的敬重和信任，这是多少金钱都无法换取到的，忠诚无价。

相反，缺乏忠诚之心不仅会失信于人，最终还会导致人生的失败。可以说，人们对忠诚的重视是不分国界、不分肤色的。

国外某著名航空公司在开辟该国首都至芝加哥的国际航线时，由于业务需要，在美国招聘空姐。有个小姐各方面的条件都较优异，被航空公司的人事考官看好，拟作为领班。在面试就要结束时，该主考官问了一个小问题："公司准备在本国用 3 个月的时间对所有受聘人进行一次培训，这样的话，你远离自己的国家和亲人，在生活和感情上能适应吗？"这位小姐回答说："我离家在外已经有几年了，自己一个人生活已习惯了，至于出国，也没关系，说实在的，在这儿我早已待腻了！出去不是可以更长见识吗？"主考官听到这话，脸上的笑容马上消失了；待她走出门后，就在她的表格上写上了"NO"，并对其他人解释道："一个对自己的国家都不忠诚的人，又怎会忠诚于公司呢！"

不论人心与世风如何变化，忠诚这一优良的品质，永远焕发着她的光芒，人们也越加视之为珍宝。在我们的一生里，要永久地以这一可贵的品质去待人接物，且以此拓展自己的基业。那么，我们的生活、事业和爱情，都将因忠诚这一品质的滋养和支持而获得幸福、成功和美满。

富有责任感是人生必备的品质

尽管责任有时使人厌烦，但不履行责任……只能是懦夫，不折不扣的废物。

——刘易斯

哈佛告诉学生：当你降临到这个世界上的那一刻，你就要负起责任。责任并不是一种强加的义务，而是对一个人的基本要求。无论在什么时候，都要勇敢地负担责任，对自己如此，他人更是如此。

一位名医，在当地享有盛誉。有一天，一位青年妇女来找他看病，检查后发现，她的子宫里有一个瘤，需要手术切除。

手术很快就安排好了。手术室里都是最先进的医疗器材，对这位有过上千次手术经验的名医来说，这只是个小手术。

他切开病人的腹部，向子宫深处观察，准备下刀。但是，他突然全身一震，手术刀停在空中，豆大的汗珠冒出额头。他看到了一件令他难以置信的事：子宫里长的不是肿瘤，是个胎儿！

他的手颤抖了，内心陷入矛盾的挣扎中，如果硬把胎儿拿掉，然后告诉病人，摘除的是肿瘤，病人一定会感激得恩同再造；相反，如果他承认自己看走眼了，那么，他将会声名扫地。

经过几秒钟的犹豫，他终于下了决心，小心缝合刀口之后，回到办公室，静待病人苏醒。然后，他走到病人床前，对病人和病人家属说："对不起！我看错了，你只是怀孕，没有长瘤。所幸及时发现，孩子安好，一定能生下个可爱的小宝宝！"

病人和家属全呆住了。隔了几秒钟，病人的丈夫突然冲过去，抓住他的衣领，吼道："你这个庸医，我要找你算账！"

孩子果然安好，而且发育正常，但医生被告得差点破产。

有朋友笑他，为什么不将错就错？就算说那是个畸形的死胎，又有谁能知道？

"老天知道！"名医只是淡淡一笑。

心中有责任，做事就不会为得失所迷，心情就不会为得失所累。采用欺骗手段遮盖错误，逃脱责罚，虽然可能获得短暂的成功，但事情真相水落石出的时候，你就会成为人人唾弃的对象。而且，在此期间，你还要小心翼翼地掩盖，承受着心理的压力和折磨。因此，做了错事要勇于承认，敢于纠正，哪怕为此付出代价，但却能获得心灵的永久安宁。

责任心承载着一个人的人格，只有负起责任的时候，才能找回做人的根本。特别是你犯了错误之后，更应该担当起责任。马克·吐温曾说过："我们生到这个世界上来是为了一个聪明和高尚的目的，必须好好地尽我们的责任。"一个没有责任感的人，对自己都不能负责，更不要说对他人负责了。

从此刻起，认真考虑你身上的责任，然后在一言一行中尽自己的责任。

原则是不可逾越的底线

——做一个坚守原则的人

哈佛之所以是哈佛

> 所有的真理都是一种成就，如果想得到不折不扣的真理，那就去争取吧。
>
> ——蒙格

哈佛告诉学生：要捍卫自己的原则，不为权贵、势力和金钱弯腰。"捍卫原则"是一种对自我的坚持，需要极大的勇气和魄力。

哈佛知名，是因它的精神。300多年以来，哈佛已经成为一种象征，一种精神的象征。

2000年，美国哈佛大学遴选校长，有人提名新卸任总统克林顿和副总统戈尔。

但哈佛很快就把这两个人排除在外，理由很简单：克林顿和戈尔可以领导一个大国，但不一定能领导好一所大学。领导一流大学必须要有丰富的学术背景，而克林顿与戈尔都不具备。后来，原任美国财政部长、世界银行首席经济学家、副行长萨默斯被挑选为新校长，因为他在经济学研究方面做到了一流，是国际知名学者。

哈佛大学在世界上的名气与地位是毋庸置疑的，而其最重要的是向来捍卫学术自由，注重教育的独立地位和尊严。在美国历史上，有6位总统是哈佛大学的毕业生，并且，哈佛还曾为华盛顿总统、杰弗逊总统、艾森豪威尔总统、肯尼迪总统等好几位美国总统授予荣誉学位。哈佛学位的授予，对美国总统来说，是一种难得的荣耀，因此每届美国总统无不期望。1986年哈佛350周年大庆，里根总统即让人放话：自己很乐意到哈佛进行现场讲演，但条件是授予他荣誉博士学位……鲍克校长立即做出了回答："我无意奉承总统的虚荣心！"一时间舆论哗然，但大多数人支持鲍克校长：因为他坚持了大学的独立性，拒绝将神圣的学术世俗化、庸俗化。在捍卫学术自由上，哈佛更是举世闻名。

第一次世界大战期间，哈佛大学心理学教授穆斯特伯格被怀疑是德国间谍，校内外很多人向哈佛大学施加压力，要求将其解聘。昔日的一位校友甚至提出：只要解聘穆斯特伯格，他愿意为学校捐资1000万美元。为了平息当时的舆论和压力，穆斯特伯格教授也主动表态：只要那位校友把500万美元汇入学校账户，他立即辞职。但是，时任校长的洛厄尔明确表示：哈佛虽然乐于接受捐助，但不会为了钱去损害学术自由，更不会为此辞退教授或接收教授的辞呈！

哈佛大学之所以为全球瞩目，前任校长科南特道出了秘密："大学的荣誉不在于它的校舍和人数，而在于一代代教师的质量。一所真正伟大的学校，应该犹如一个核心，能聚集来自各地的自由思想者。"

哈佛大学校长鲍克说得好："只有有安全和自由保证的学者才能去探求科学真理。"这就是哈佛精神。

哈佛之所以能够成为世界知名大学，并且成为翘楚，正是因为它对真理的不懈追求。但如果追问哈佛之所以令人崇敬和向往的原因，则是因为它对自己的办学理念的恪守。这就是一种坚守原则的哈佛精神。

不要为权贵放弃原则

> 一个人如果坚持自己的做人原则，忠于自己的理想，那么他永远都不会成为失败者，即使他不是声名显赫，即使他没有腰缠万贯，他也是值得肯定和尊敬的。
>
> ——罗斯福

哈佛告诉学生：对于每一个人来说，原则是必须坚守的，是不能被贿赂，不能被收买的，而且在必要的时候你还要用生命去捍卫它。

电影明星洛依德将车开到检修站，一个修车女工接待了他。她熟练灵巧的双手和年轻俊美的容貌一下子吸引了他。

整个巴黎都知道他，但这个姑娘却没表示出丝毫的惊讶和兴奋。

"您喜欢看电影吗？"他不禁问道。

"当然喜欢。我是个电影迷。"修车女工边忙着手上的活边回答。

她手脚麻利。看得出她的修车技术非常熟练。半小时不到，她就修好了车。

"您可以开走了，先生。"这位修车女工对他说。

他依依不舍地说道："小姐，您可以陪我去兜兜风吗？"

"不，先生，我还有工作。"她回答得很有礼貌。

"这同样是您的工作。您修的车，难道不亲自检查一下吗？"

"好吧，是您开还是我开？"

"当然我开，是我邀请您的嘛。"

车跑得很好。姑娘说："看来没有什么问题。请让我下车好吗？我还有其他的工作。"

"怎么您不想再陪陪我吗？我再问您一遍，您喜欢看电影吗？"洛依德觉得不可思议，难道这个修车女工真的不认识自己吗？

"我回答过了，喜欢，而且我是个电影迷。"

"您不认识我？"

"怎么不认识，您一来我就认出，您是当代影帝阿列克斯·洛依德。"

"既然如此，您为何对我这样冷淡？"

"不，您错了。我没有冷淡，只是没有像别的女孩子那样狂热。您有您的成绩，我有我的工作。您今天来修车，就是我的顾客，我就要像接待顾客一样地接待您，为您提供最好的修车服务。将来如果您不再是明星了，再来修车，我也会像今天一样接待您，为您提供服务。人与人之间不应该是这样的吗？"

洛依德沉默了，在这个普通修车女工的面前，他清楚地感觉到了自己的浅薄与狂妄。

"小姐，谢谢！您让我受到了一次很好的教育。现在，我送您回去。再要修车的话，我还会来找您。"

在崇高的品质面前，没有地位高低的区别。

哈佛的经典哲学告诉我们：为人处世，以诚相待，才能获得别人的尊重。在这位修车女工的身上，体现出一种十分珍贵的品质：自尊、自重、坚持原则。她热爱电影，但却不因为追逐电影明星而放弃自己所应负责的工作；她面对着许多年轻女孩梦寐以求的机会，但是却勇于说"不"！她用人格魅力为自己赢得了他人的尊重。

不要随波逐流，也不要盲目追求，做人要不卑不亢，做事要坚守原则，纵然地位是低下的，但你的人格却是高大的。

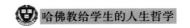

迁就别人也要有底线

> 一个人，即使驾着的是一只脆弱的小舟，但只要舵掌握在他的手中，他就不会任凭波涛的摆布，而有选择方向的主见。
>
> ——歌德

哈佛告诉学生：一味地迁就和顺从别人也是没有原则的表现。迁就别人表面看来是和善之举，但实际上是不坚定的表现。

一个人总要有自己的原则、自己的立场，不能一味迁就别人，一点主见也没有。这里的原则既包括办事的方法，也包括日常生活中为人、处事的立场、原则，少了哪个都会给你带来困难，并将影响你的生活。

工作办事没有自己的方法，只听命于他人，别人怎么说自己就怎么做，这样的人活着只是别人的影子，没有自我，走弯路、浪费时间不说，有时难免要犯错误。

罗宾斯没别的毛病，就是天生的耳根子软，别人说什么他听什么，妻子一生气就骂他是"应声虫"。中午订餐，同事问吃什么，他犹犹豫豫地想了一会儿说"吃汉堡吧！"同事一听："汉堡有什么好吃的，就要比萨吧。"罗宾斯赶紧点头："行，行，行！"不但生活中这样，工作中也是这样，他从来也提不出什么像样的意见，什么事都听人家的，所以单位里开会时，他永远是坐在角落时发呆的一个。前不久，妻子回娘家了，说是要跟他离婚，起因就是一卷墙壁纸。妻子嫌卧室里的壁纸太旧了，想换上新的，正巧身体不舒服，就让罗宾斯一个人去买。走之前一再嘱咐他按照家具的颜色搭配着买，可他却禁不住售货小姐的怂恿，买了一种深蓝色直条纹的壁纸，贴上以后，妻子总觉得自己是睡在监狱里，她觉得丈夫这人太没用了，很多同事都利用他的好说话、占便宜，领导把他当软柿子捏来捏去……售货小姐居然也把他当"冤大头"，日子再也没法过了，妻子愤怒地收拾东西离开了这个家，罗宾斯则坐在沙发上唉声叹气。

　　社会太复杂了，过于迁就别人的人很容易吃亏，多少人排队等着算计这种老实人呢！办事没有原则，有时就会表现为一味地迁就、顺从别人。由于自己没有立场，所以很容易被他们所诱惑或利用。迁就别人，表面看来是和善之举，但实际上是软弱的表现。软弱到一定程度，就会逐渐失去自信力，而没有自信力的人是很难成就什么大事业的。有时，性格上的自卑和懦弱，也表现为没有自己的立场和观点。自卑，就会觉得处处不如别人，怯懦则往往会导致卑微。时时看着别人的脸色行事，怎么能走自己的路呢？

　　做什么事情都要有个度，不能过度，否则就是没有原则：什么事情没有原则，只会带来不良后果，而不会有什么好的结局。

　　干什么事情都要动脑筋，不要轻易听从他人的，要有自己的一套规则。这样做，你才可能收到意想不到的效果。如果只是一味地迁就别人，那你就再也不能成为你自己了。

尊重他人的立场和原则

　　尊重别人所尊重的人，就是尊重他本人，因为这说明我们赞成他的判断，反之，尊重他的仇敌，则是轻视他。

——霍布斯

　　哈佛告诉学生：在人际交往中，千万不要以自我为中心而完全不顾他人的颜面、立场，如果将自己的价值标准强加在别人的头上，轻则得到的是不和谐的人际关系，重者可能使自己头破血流，一无所获。

　　有一个心理学家找来两个 7 岁的孩子进行一项心理测验。

其中的一个孩子汤姆来自一个贫穷的家庭，家里有 6 个兄弟姐妹；而另一个孩子安迪则是一个家境富裕的医生的独生儿子。

心理学家让两个孩子一起看一幅画，画上画的是 1 只小兔子坐在餐桌旁边哭，而兔妈妈则板着面孔，站在一旁。孩子们看完画后，心理学家让他们将画中的意思表达出来。汤姆立即说："小兔子在哭，是因为它还没有吃饱，还想要东西吃，但是家里已经没有可吃的东西了。兔妈妈也觉得很难过，但它又没有办法弄到东西吃，所以只好板着脸告诉小兔子不许哭。"

"才不是这样的，"安迪立刻反驳他，"小兔子为什么要哭？还不是因为它已经不想再吃东西了，但它妈妈却板着脸非要强迫它继续吃下去不可。"

有兄弟二人，出门做生意，他们来到一个偏远荒蛮的地方，这个地方的人都不穿衣服，称作裸人国。

哥哥见了这副样子，皱着眉头说："这儿的人如此不讲廉耻，岂非和畜生一个样，我们怎能跟这种人交往？"

弟弟则对哥哥的话不以为然："一个地方有一个地方的习俗，我们只管和他们做生意，何必在意他们的生活习惯呢？你觉得人家不穿衣服是不讲廉耻，说不定人家见你还觉得奇怪呢？"

于是弟弟仍旧和他们做生意，和他们一起吃饭，一起唱歌跳舞，结果裸人国的人上至国王，下至普通老百姓，都十分喜欢他，他的货物也被以高的价钱抢购一空。

而他哥哥以自己的立场，指责裸人国这也不好，那也不对，引起当地人的愤怒，大家把他抓住打了一顿，还把他所有的货物都抢跑了。全亏了他弟弟说情，裸人国的人才没有进一步为难他。

对同一件事，从不同的角度看往往能得出不同的结论。因此，当他人的观点跟自己的不一样时，千万不要急于指责别人，而要多从他人的角度想，许多争执和问题自然会迎刃而解。

只以自己的一贯立场去衡量或要求别人，是对他人的不尊重，这对于一个领导者尤其重要。不尊重他人立场的领导，只会将自己封闭起来，并不会得到众人的尊重。

做人要有底线

> 我的最高原则：不论遇到什么困难，都决不屈服。
>
> ——居里夫人

哈佛告诉学生：要坚守自己心里的那个底线。如果你自己都坚守不住，那就会不攻自破。只有坚持自己的底线，才能坚持自我。

麦克斯在印尼巴厘岛的时候，有一次逛摊子，看上了一个木雕。

"多少钱？"他问。

"20000 卢比。"

"8000！"麦克斯说。

"天呐！"小贩用手拍着前额，做出一副要晕倒的样子，然后看着麦克斯，"15000。"

"8000。"麦克斯没有表情。

"天哪！"商贩在原地打了一个转，转向旁边的摊子，对着那摊子举起手里的木雕喊，"他出8000！天呐！"又对着麦克斯，"最低了，我卖你13000，结个缘，明天你带朋友来，好不好？"

麦克斯笑着耸耸肩，转身走了，因为他口袋里只有9000，就算他出到9000，距离13000，还是差太远。

他才走出去四五步，小贩就在后面大声喊：

"12000，12000啦！"

麦克斯继续走，走到别的摊子上看东西，小贩还在招手："你来！你来！我们是朋友，对不对？我算你10000，半卖半送！"

麦克斯继续走,走出了那摊贩聚集的地方。突然一个小孩跑来,接着他,他好奇地跟他走,原来是那摊贩派来的,把他拉回那家店。"好啦!好啦!我要休息了,就 8000 啦!"现在,每次麦克斯看到桌子上摆的这个木雕,就想起那个小贩。他常想:"我为什么能出 8000 就买到?"

因为他坚持了自己的底线。

麦克斯也想,小贩为什么会卖?

因为小贩觉得他心中有个最低的底线,并且很难冲破。

做人也是如此。很多时候,在原则面前根本没有回旋的余地。

双向的沟通,有时候就像讨价还价。你不可能让他全部得逞,他也不可能对你完全让步。两方面一定要先在心里有个最低的底线,再在这个底线上沟通。也只有经过反复磋商,双方都有"让步",也都有"收获"的情况才能叫作"双赢的沟通"。

守住你做人的底线

> 为原则斗争容易,为原则而活着难。
>
> ——史蒂文森

哈佛告诉学生:守住做人的底线,才能守住立身为人的根本。所谓的做人的底线,其实就是自己内心中的道德准则。

有一个名气很响的跨国公司,招聘一名总经理助理,年薪至少 20 万美元。在众多应聘者中,丽莎气质端庄,业务精干,很快脱颖而出。最后一关是由总经理亲自面试。

总经理对她进行了长达两个小时的面试,丽莎从经营方略到内部管理、新品开发等多方面阐述了自己极具建设性的想法。总经理认真地听着,不时赞许地点点头。显然，他对丽莎的表现很满意。

"好了。"总经理说，"讲了半天，口一定渴了。我也有些口渴，请你去买两瓶可乐来。"说着递给丽莎一张百元大钞。

丽莎来到街前商店，买了两瓶可乐。回来递给总经理时，把剩下的钱也一分不差地交给了总经理。她知道，这很可能也是考试内容的一部分。

果然，总经理打开一瓶可乐，说，"这是今天测试你的最后一道题目了。你已经给我留下了很好的印象，如果这道题你能回答得让我满意，你将通过今天的测试。"

"这道题是这样的。假如这两瓶水中有一瓶被人掺了毒药，当然目标是针对我。现在，我命令你先尝一尝。"

丽莎说："我明白你是在测试我对公司和你的忠诚度。虽然我知道也许我尝了你就会录用我，虽然我很想得到总经理助理这个位子，但我不能尝。我认为你这样是对我人格的侮辱。"

总经理怒道："这次应试者上千人之多，别说让他们喝这没毒的可乐，就是真让他们喝毒可乐，他们也会喝！"

丽莎正色道："我认为你刚才说的话与你的身份地位很不相称。对不起，我觉得今天的测试该结束了！"说着要起身离去。

总经理立刻和颜悦色地说："请原谅，刚才只是测试。我很欣赏你的反应和你的品格。请坐，今天的测试你通过了。祝贺你！你被录用了。"

丽莎说："招聘是人才与企业之间的双向选择，你的测试我已经通过了，但我对你们的测试你却没有通过，你不是我想象中的总经理。再见！"说完，拂袖而去。

做人做事的原则，并不是人为主观设置的条条框框，它是人们对自己身份的一种默认。有原则的人，首先是懂得自己的角色和位置的人，说到底是知道自己什么事情该做，什么事情不该做和该做的怎么去做。

原则在某些情况下可以做适当的变通，但是触及根本性的问题时，必须坚持你的原则，半点含糊不得。

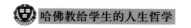

既要坚守原则又要懂得变通

在纯粹光明中就像在纯粹黑暗中一样，看不清什么东西。

——黑格尔

哈佛告诉学生：只知道坚守而不知道变通的人就走向了另一个极端——固执。根本的原则和正确的原则要坚守，但不合理的就要懂得变通。

一个固执的人在烈日下急匆匆地赶路。

他热得大汗淋漓，然而却不肯扇扇子。一只鸟儿飞过来，对他说：

"你为什么不肯扇扇子呢？"

"哼，我靠我自己活在这个世界上，不需要任何外力的帮助！"

"我用翅膀为你扇风吧？"

"走开！我宁可热死，也不要任何外力帮助！"固执的人继续走他的路。

他来到一条很宽很深的河边，他过不去了，站在岸边。

"去找渔家借条船吧，你会很快渡过河去的。"那只鸟儿又追来了。

"哼！借？我长这么大，从来没向别人借过东西！我要靠我自己过河去。"固执的人说。

固执的人说完，径直朝河里跳去，一会儿，他就沉了底。

"唉！这个人真是太固执了。"鸟儿叹了一声，飞走了。

蒲公英借助风力把它的种子撒向四方，鸟儿借助树木把它的家安置妥当。世界上哪里有不借助外物而孤立存在的人呢？这个固执的人坚持了自己的错误的原则，不知因时因事而变，最终受害的只能是自己。过于固守原则，就会到处碰壁。

第三课

以享受的姿态
迎接人生

热诚可以改变一个人对他人、对工作、对社会及全世界的态度。热诚使得一个人更加热爱生活。当你学会热诚，学会对自己的学习拥有热情，你就会为自己成功大厦的构建打下坚实的地基。

——[哈佛大学教授] 威廉·詹姆斯

情感似乎指引着行动，但事实上，行动与情感是可以互相指引、互相合作的。快乐并非来自外力，而是得自于内在的心境，因此，当你不快乐的时候，你可以挺起胸膛，强迫自己快乐起来。

——[哈佛大学教授] 威廉斯

缺陷是一种恩惠

——人生不能为追求完美所累

失去是一种获得

> 人生哪有只得不失的道理，要正确对待你的失去。失去才能得到，有时失去也就是一种获得。
>
> ——爱伦堡

哈佛告诉学生：执着地对待生活，紧紧地把握生活，但又不能抓得过死，松不开手。人生这枚硬币，其反面正是那悖论的另一要旨：我们必须接受"失去"，学会放弃。

对善于享受简单和快乐生活的人来说，人生的心态只在于进退适时、取舍得当。因为生活本身即是一种悖论：一方面，它让我们依恋生活的馈赠；另一方面，又注定了我们对这些礼物最终的舍弃。正如先师们所说：人生在世，紧握拳头而来，平摊两手而去。

有一位住在深山里的农民，经常感到环境艰险，难以生活，于是便四处寻找致富的好方法。

一天，一位从外地来的商贩给他带来了一样好东西，尽管在阳光下看去那只是一粒粒不起眼的种子。但据商贩讲，这不是一般的种子，而是一种叫作"苹果"的水果的种子，只要将其种在土壤里，两年以后，就能长成一棵棵苹果树，结出数不清的果实，拿到集市上，可以卖好多钱呢！

欣喜之余，农民急忙将苹果种子小心收好，但脑海里随即涌现出一个问题。

既然苹果这么值钱、这么好，会不会被别人偷走呢？于是，他特意选择了一块荒僻的山野来种植这种颇为珍贵的果树。

经过近两年的辛苦耕作，浇水施肥，小小的种子终于长成了一棵棵茁壮的果树，并且结出了累累的硕果。

这位农民看在眼里，喜在心中。嗯！因为缺乏种子的缘故，果树的数量还比较少，但结出的果实也肯定可以让自己过上好一点儿的生活。

他特意选了一个吉祥的日子，准备在这一天摘下成熟的苹果挑到集市上卖个好价钱。

当这一天到来时，他非常高兴，一大早，便上路了。

但当他气喘吁吁爬上山顶时，心里猛然一惊，那一片红灿灿的果实，竟然被外来的飞鸟和野兽们吃个精光，只剩下满地的果核。

想到这几年的辛苦劳作和热切期望，他不禁伤心欲绝，大哭起来。他的财富梦就这样破灭了。在随后的岁月里，他的生活仍然艰苦，只能苦苦支撑下去，一天一天地熬日子。

不知不觉之间，几年的光阴如流水一般逝去。

一天，他偶尔又来到了这片山野。当他爬上山顶后，突然愣住了，因为在他面前出现了一大片茂盛的苹果林，树上结满了累累的果实。

这会是谁种的呢？在疑惑不解中，他思索了好一会儿才找到了这个出乎意料的答案。

这一大片苹果林都是他自己种的。

几年前，当那些飞鸟和野兽吃完苹果后，就将果核吐在了旁边，经过几年，果核里的种子慢慢发芽生长，终于长成了一片更加茂盛的苹果林。

现在，这位农民再也不用为生活发愁了，这一大片林子中的苹果足可以让他过上温饱的生活。

只不过，他转念一想，如果当年不是那些飞鸟和野兽们吃掉了这小片苹果树上的苹果，今天肯定没有这样一大片果林了。

请记住，一扇门如果关上了，另一扇门必定会打开。失去了这种东西，必然会在其他地方有所获。关键是，你要有乐观的心态，相信有失必有得。要舍得放弃，要正确对待你的失去，失去才能得到，有时失去也就是另一种获得。

没有人是全才

> 不要因为不完美而恨自己，世界上根本就不存在任何完美的事物，美都是有缺憾的。
>
> ——黑格尔

哈佛告诉学生：世界并不完美，人生当有不足。没有遗憾的过去无法链接未来人生。对于每个人来讲，不完美是客观存在的，无须怨天尤人。

智者再优秀也有缺点，愚者再愚蠢也有优点。对人多做正面评估，不以放大镜去看缺点，生活中要严于律己，宽以待人。避免以完美主义的眼光去观察每一个人，要以宽容之心包容其缺点。刁难之心少有，宽容之心多存。

完美主义的人表面上很自负，内心深处却很自卑。因为他很少看到优点，而总是关注缺点。如果总是不知足，很少肯定自己，自己就很少有机会获得信心，当然会自卑了。不知足就不快乐，痛苦就会常常跟随着你，周围的人也会不快乐。认识到没有人是全才，接受自身和他人的不完美，会使你的人生轻松很多。

有一个男人，他一辈子独身，因为他在寻找一个完美的女人。当他70岁的时候，有人问他："你一直在到处旅行，从喀布尔到加德满都，又从加德满都到果阿，又从果阿到 普那，始终在寻找，难道就没能找到一个完美的女人？甚至连1个也没找到吗？"

那老人变得非常悲伤，他说："是的，但曾经有一次我碰到了一个完美的女人。"

那个发问者说："那么发生了什么？为什么你们不结婚呢？"

他变得非常非常伤心，他说："怎么说呢？她也在寻找一个完美的男人。"

有些人常常以为只要他们找到一个完美的男人或一个完美的女人，他才会爱。那么，他将永远找不到他们。因为完美的女人和完美的男人都不存在，如果他们存在的话，他们也不会在意你的爱，不会对你的爱感兴趣。

年轻的朋友们，请记住这样一个忠告：世界上根本就不存在任何一个完美的事物。

不要再幻想做一个完美主义者，不要把光阴蹉跎在那毫无意义的幻想中。

缺陷和不足是人人都有的，但是作为独立的个体，你要相信，你有许多与众不同的甚至优于别人的地方，你要用自己特有的形象装点这个丰富多彩的世界。

很多人因为自己的缺陷和不足而自怨自艾，从而丧失了自信，变得自卑。人无完人，金无足赤，没有一个人是完美无瑕的。难道有缺点和不足就注定要悲哀，要默默无闻，无法成就大事吗？其实，只要你把"缺陷、不足"这块堵在心口上的石头放下来，别过分地去关注它，它也就不会成为你的障碍。假如善于利用你那已无法改变的缺陷、不足，那么，你仍然是一个有价值的人。

学会接受"真实的自我"，也接受它所有的瑕疵，因为它是我们唯一的表达工具。学会忍受你本身的不完美，要用智慧认清你的缺点。不要忘记，为了缺点而恨透自己，只会招致不幸。将你"自己"与你的行为割裂开来，

"你"并不会因为犯错或走偏了路而败坏、丧失价值，就像打字机不会因为出了毛病或小提琴不会因为发出噪音而丧失价值一样。

不要因为不完美而恨自己，你有很多的朋友，他们没有一个是十全十美的。那些伪装完美、追求完美的人，其实是在拿自己一生的幸福开玩笑。

懂得放弃是大智慧

> 苦苦的去做根本就不可能办到的事，会带来混乱和苦恼。
>
> ——狄更斯

哈佛告诉学生：有时不切实际地一味执着，是一种愚昧与无知，而放弃则是一种智慧。

很多人，总是希望有所得，以为拥有的东西越多，自己就会越快乐。所以，这所谓的人之常情就驱使我们沿着追寻获得的路走下去。可是，有一天，我们忽然惊觉：我们的忧郁、无聊、困惑、无奈以及一切的不快乐，都和我们的要求有关，我们之所以不快乐，是因为我们渴望拥有的东西太多了，或者，太执着了，不知不觉，我们已经执迷于某个事物上了。

法国的一个乡村下了一场非常大的雨，洪水开始淹没全村。一位非常虔诚的神父在教堂里祈祷，眼看洪水已经淹到他跪着的膝盖了。

这时，一个救生员驾着舢板来到教堂，跟神父说："神父，快！赶快上来！不然洪水会把你淹没的！"

神父说："不！我要守着我的教堂，我深信上帝会救我的。上帝与我同在！"

过了不久，洪水已经淹过神父的胸口了，神父只好勉强站在祭坛上。

这时，又一个警察开着快艇过来，跟神父说："神父，快上来！不然你真的会被洪水淹死的！"

神父说："不！我要守着我的教堂，我相信上帝一定会来救我。你还是先去救别人好了！"

又过了一会儿，洪水已经把教堂整个淹没了，神父只好紧紧抓着教堂顶端的十字架。

一架直升机缓缓飞过来，丢下绳梯之后，飞行员大叫："神父，快！快上来！这是最后的机会了，我们不想看到洪水把你淹死！"

神父还是意志坚定地说："不！我要守着我的教堂！上帝会来救我的！你赶快先去救别人，上帝会与我同在的！"

神父刚说完，洪水滚滚而来，固执的神父终于被淹死了。

在人生的每一个关键时刻，都应审慎地运用智慧，做出最正确的选择，同时别忘了及时审视选择的角度，适时调整。要学会从各个不同的角度全面研究问题，放掉无谓的固执，冷静地用开放的心胸做正确的抉择。

成功者的秘诀是随时审视自己的选择是否有偏差，合理地调整目标，适时地放弃，以轻松的姿态走向成功。

不要对完美贪心

> 爱挑剔的人总是得不到满足，永远也不会幸福。
>
> ——拉封丹

哈佛告诉学生：不要总认为自己手中的永远不是最好的，最好的永远在远方。对"完美"太贪心会让你错过很多美的东西。

有一次，苏格拉底让几个学生沿一条小路摘取自己认为最美的一朵花，不许回头，而且只能摘1朵。

第一个徒弟比较性急，见到第一朵花摘了下来，再往前走，发现了更美的花朵，但只好遗憾地望花兴叹。

第二个徒弟吸取了第一个的教训，总认为最美的一朵花一定还在前边，结果走到路的尽头，仍然是两手空空，只好垂头丧气地回来了。

第三个徒弟，边走边看，经过比较，在路的中间摘下了1朵他认为最美的花朵。这朵花虽然未必是最美的，但却是最美的花之一。

这三个徒弟中，前两个是失败的。第一个在没有观察和思索之前，贸然采取行动，结果徒然丧失了机会。第二个过度谨慎，不敢进行选择，最终一无所有。只有第三个根据自己的观察、判断，在短时间里做出了理性的选择，虽然不是最美的，但也不会太差。

这里面，损失最大的是第二个，他没有学会面对一个简单的事实：月有阴晴圆缺，人有悲欢离合，世事不可能尽如人意，最美的花朵是永远也摘不到的，因为我们不知道它在什么地方出现，以及能不能恰巧到了那个地方。

在人生路上的不少时间，我们经常陷入两难的困境：选择了一件东西，又感觉前面有更好的选择。等一等再说，又担心再也没有机会选择。一个教训是：一心摘取最美丽的花朵，最后可能连最打蔫的花都摘不到。

人生需要运算

> 人活一辈子都要建设人生，失掉建设的人生，没有不垮台的。
>
> ——池田大作

哈佛告诉学生：人生是一种自我经营的过程。要经营就要讲选择和放弃，形象地说，人生是离不开加减乘除的。

人生需要用加法。人生在世总是要追求一些东西，追求什么是人的自由，所谓人各有志，只要不违法，手段正当，不损害别人，符合道德伦理，追求任何东西都是合理的。比如，有的人勤奋工作，奋力拼搏为的是升职；有的人风里来雨里去，吃尽苦头，为的是增加手中的财富；有的人废寝忘食、发奋读书是为了增加知识；有的人刻苦研究艺术，为的是增加自己的文化品位；有的人全身心投入到社会实践中，为的是增加才能；有的人……

人生的加法，使人生更富有、更丰富多彩；一个进步的社会应该鼓励个人用自己的双手增加人生的价值和内涵，使人生物质世界和精神世界都更加富有和充实。加法人生的原则是提倡公平竞争，不论在物质财富上还是在精神财富上胜出，都应给予鼓励。加法人生是一种积极的人生。

人生需要用减法。人生是对立统一体。哲人说人生如车，其载重量有限，超负荷运行促使人生走向其反面。人的生命有限，而欲望无限。我们要学会辨证看待人生，看待得失，用减法减去人生过重的负担。否则，负担太重，人生不堪重负，往往事与愿违。人生应有所为有所不为。

华盛顿是美国的开国之父，他在第二届总统任期满时，全国"劝进之声"四起，但他以无比坚强的意志坚持卸任，完成了人生的一次具有重大意义的减法，至今美国人民仍自豪于华盛顿为美国建立的制度。他的人生哲学值得我们去研究和思考。

人生需要用乘法。人生的成功与否，与个人努力有关，更与机遇有关。哲人说，人生的道路尽管很漫长，但要紧处就那么几步。对于人生而言，奋斗固然重要，但能否抓住机遇也是十分关键的。在人生的关键时刻，一次努力能抵得上平时几次、几十次的努力，一年的奋争能抵得上几年甚至十几年的、几十年的奋争。从这一意义上讲，在关键时刻把握住机遇就实现了人生的乘法。

比尔·盖茨在人生关键时刻选择了微软，这一选择为他日后的辉煌奠定了基础，假如他当初不选择这一行，他完全可能是一个普通的人。

人生是一种自我经营的过程。要经营就要讲运算，人生是离不开加减乘除的。

人在关键时刻，常要有勇气、认真和耐心，道路选准了，奋斗才会有应有的回报，人生的荣誉也会随之而来。

人生没有终点

——要学会不断超越

享受不断超越的过程

> 人生就是行动、斗争和发展，因而人不可能有什么固定不变的目标，人生的欲望和追求决不会停止不动。
>
> ——弗兰克·梯利

哈佛告诉学生：成功的动力源于拥有一个不断超越的进取目标。人生就是一个不断超越的过程。

一个人在现代社会中生存，知识面越广，得到的信息就越多，人生的视野就越加开阔。一个鼠目寸光的人，很难在今天有所作为。超越不了自己，就谈不上超越别人。这不但不利于自己事业的发展，也很难在竞争激烈的社会上立足，最终只能为时代大潮所抛弃。

克里斯特镇上有一位年近60的老医生，曾经远近闻名。但自从他从医科学校退休之后，诊病下药还一贯奉行传统的老法子，多年毫无进取创新，于是渐渐步入没落了。他明明应该把门面重新漆一漆了，明明应该去买些新发明的医疗器械及最近出现的特效药品了，但他舍不得花钱。他从不肯稍微划出些时间来看些新出版的刊物，更不肯稍费些心机去研究实验种种最新的临床疗法。他所施用的诊疗法，都是些显效迟缓，陈腐不堪的老套；他所开出来的药方，都是不易见效的、人家用得不愿再用了的老药品。他一点也没留意到，在他诊疗所附近早已来了一位青年医生，有最新最完善的设备，所用的器械无不是最新的一种；开出来的药方，都写着最新发明的药品；所读的都是些最新出版的医学书报。同时他的诊所的陈设也是新颖完美，病人走进去看了都很满意。于是老医生的生意，渐渐都跑到这位青年医生那里去了。等到他发觉了这个情形，已经悔之不及了。"不进步"使他失败，他的诊所从此再也无人过问了。

追求超越自我的人，每一分每一秒都活得很充实，他们尽其所能享受、关怀、做事并付出。除了工作和赚钱以外，他们的人生还有其他意义。若非如此，即使居高位，生活富裕，也会感到空虚、乏味，不知生活的乐趣究竟在哪里。

人生战场上的真正赢家目标远大而明确，他们追寻生命的真谛和超越自我。他们能够把生活的各个层面融合为一体。为了享受生活的乐趣，他们不仅剖析自我，而且从大处着眼，展望生命的全貌。

进取心始于一份渴望。当你渴望实现梦想时，进取心便油然而生了。当你坚信能改善自己的生活状况时，进取心便能茁壮滋长。渴望是原动力，当你想要一样东西、想要做成一件事时，你心中便有一分力量，推动你去获得、去进取、去追求。

进取心是内心的驱动力量，是经由想象而产生的意念。我们可以利用进取心推动我们向目标迈进。有进取心的人会勇往直前，屡仆屡起，为实现梦想而努力。这是百年哈佛对我们的人生忠告。

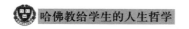

拥有享受每一天的智慧

> 生活得最有意义的人，并不就是年岁活得最长的人，而是对生活最有感受的人。
>
> ——卢梭

哈佛告诉学生：每一天都是生命必不可少的组成部分，生命就是由很多日子串起来的。如果每一天都是阳光灿烂的，那你的一生就是愉快的。

有这样一则古老的寓言：在一个春光明媚的早晨，有一只漂亮的鸟儿，站在摆动的树枝上放声歌唱，树林里到处回荡着它甜美的歌声。一只田鼠正在树底下的草皮里掘洞，它把鼻子从草皮底下伸出来，大声喊道："鸟儿，闭上你的嘴，为什么要发出这种可怕的声音！"

这只歌唱的鸟儿回答说："哦，先生，我总是忍不住要歌唱。你看，空气是多么新鲜，春天是多么美好，树叶绿得多么可爱，阳光是多么灿烂，世界是多么可爱，我的心中充满了甜蜜的歌儿，我无法不歌唱。"

"是吗？"田鼠睁大眼睛不解地问道，"这个世界美丽可爱吗？这根本不可能，你完全是胡扯！世界上的任何事情都是毫无意义的。我已经在这儿生活了这么多年，我了解得很清楚。我曾经从各个方向挖掘，我不停地挖啊挖啊，但是，我可以告诉你，我只发现了两样东西，也就是草根和蚯蚓。除此之外，再没有发现过其他东西，真的，没有任何可爱的东西。"

快活的鸟儿反驳说："田鼠先生，你自己上来看看吧。从草皮底下爬上来，到阳光中来吧。你上来看看太阳，看看森林，看看这美丽可爱的世界，呼吸一下新鲜空气，要是这样，你也会忍不住流泪。上来吧，让我们一起放声歌唱！"

显然，快活的鸟儿和迷惑的田鼠代表了两种不同的生活态度——乐观主义和悲观主义。

就像鸟儿对田鼠说的一样，我们也可以对那些悲观主义者说："出来看看吧，先生。看看这明媚的阳光，看看这可爱的世界，你会感觉到一切都是美好的。"

如果你总认为此时此刻你还没有享受生活的权利，那你就大错特错了。享受生活是一种心态，并不需要什么客观条件做基础。拥有享受每一天的智慧，你的人生也会多姿多彩。

生命是一种过程

> 人生是战斗，也是过客暂时投靠的旅舍。
>
> ——奥里略

哈佛告诉学生：生命是一种过程，不要把目的看得太重，那样你会错失人生的美妙过程。

有很多时候，只要我们自己觉得能从某种娱乐方式中得到愉悦又无伤大雅，就完全没有必要理会别人会持什么样的想法。你有自己的娱乐方式，只要不干扰别人的生活，他人喜不喜欢和你没有关系。

在我们潜意识深处是一幅美好的田园景象：我们看到自己坐着火车，行进在一条横跨大陆的漫长的旅程中，吸吮着饮料，透过车窗，能看到近处高速公路上流动着的车辆；十字路口上向我们挥手致意的孩子；小山旁吃草的牛群；从发电站喷吐而出的烟雾；一排排连绵不断的玉米、麦子；山川和溪谷；城市建筑的空中轮廓和乡村的小山坡。

可是，很多时候我们会烦躁不安，对车窗外的美景视而不见，诅咒着这些慢悠悠的分分秒秒——等着，等着……在我们心目中，目的地才是最最重要的。在特定的一天，特定的时辰，我们的火车将要进站……

"如果我到了车站，事情就妥了。"我们这样安慰自己，"如果我考上理想的大学，就……"，"如果我进了知名的外资企业，就……"，"如果我付清住房的贷款，就……"，"如果我得到提升，就……"，"如果我退休，我就可以永远地享受人生！"

但或迟或早，我们会明白，生活中根本不存在什么车站，也没有什么可以到达的地方。

生活中真正的乐趣就是旅行。车站只不过是一个梦，永远可望而不可即，把我们远远地抛在后面。

活着，就尽情地享受人生吧！有人说："幸福与否不在于目的的达到，而在于追求的本身及其过程。"生活中的绝大多数情景就是这样的。珍惜现在，尽可能地享受当下的美好时光吧！

准备一个丢弃错误的垃圾桶

> 错误本身都有其可以借鉴的价值，而只有那些善于从失败中总结经验教训，不怨天尤人的人才能避免重复犯错。
>
> ——罗素

哈佛告诉学生：在漫长的人生道路上，期望自己事业成功，仅有学校的智慧是远远不够的，你还必须具备社会生活的智慧，这就是不断减少你的错误的智慧。

生活是最严厉的老师，与学校书本教育的方式完全不同。生活的教育方式是你得首先犯错，然后从中吸取教训。大多数人不知道从错误中感悟道理，而只知一味地逃避错误。他们不知道，这种行为本身已铸成大错。还有一些人犯了错误却没能从中吸取教训。这些都是为什么有如此多的人总是循环往复地犯着自己以前曾经犯过的错误。他们之所以一而再、再面三地犯错，就是因为他们不知道如何从错误中吸取教训。

错误本身并不可怕，可怕的是错得没有价值。一个人虽然犯了点小错误，但如果他能总结失败的教训，知道自己为什么失败，并不再犯更大的甚至是致命的错误，则错误对他来说比成功的经验还重要。

爱因斯坦被带到普林斯顿高级研究所办公室的那天，管理人员问他需要什么用具。爱因斯坦回答说："我看，1张桌子或台子，1把椅子和一些纸张、钢笔就行了。啊，对了，还要1个大废纸篓。"

"为什么要大的？"

"好让我把所有的错误都扔进去。"

追求卓越的过程，其实就是不断丢弃错误的过程。丢弃错误，我们才会看到一条向上的路。

哈佛教授指出：人在成功的时候总是认为自己是高明的，而很少归结为运气；而出错时，却总是以运气不佳为借口，害怕承认错误、分析错误，以至于故态复萌，再犯同样的错误。殊不知，错误本身有其可以借鉴的价值，而只有那些善于从失败中总结经验教训，不怨天尤人的人才能避免重复犯错。

"一个人受骗两次就该毁灭。"一个真正明智的人绝不应该再犯同类的错误。的确，犯错不可怕，只要不犯相同的错误就是一种进步。狗或猫被伤害了一次，下一次遇到同样情况，就知道躲得远远的。狗或猫尚能如此，人难道还不能做到吗？

每个人都不希望出错，并害怕出错，自小师长便教导人们犯错是不好的事，会使自己失去亲朋的疼爱。这种教育常常使人们不能正确对待错误，不能接受对错误的批评。这很不利于纠正错误，从错误中学习。

当我们受到批评时，不必感到失望、不平或愤怒，而应把精力用来制定一项明确的计划，以平息批评，重新起步。与有关的人共同研究你的计划，不要浪费时间和精力彼此抱怨，应该共同努力，解决存在的问题。

有时候我们又太勇于自责了。我们会说："这都是我的错。""我什么事都做不好。"如果真是我们的错，自责倒也无妨，但明明不是我们的错却强要自责，就有些过了。喜欢自责的人内心常有"我是笨蛋，我是失败者"的想法。这么一来，下次你又会犯同样的错误，或是你误以为自己的确是笨蛋，而根本不再尝试了。奇怪的是，我们的确能安于失败。不动脑筋的自怜要比绞尽脑汁分析自己，筹思下次如何成功来得容易多了。

哈佛告诉我们：人生不怕犯错误，就怕一错再错。

挫折可以为你增值

> 能使愚蠢的人学会一点东西的并不是言辞，而是厄运。
>
> ——德谟克利特

哈佛告诉学生：每个人都必须学会在挫折中成长。挫折没有你想象的那样可恶，恰恰是它让你不断成长。

威廉·卡瑞尔年轻的时候，在纽约州布法罗城的布法罗铸造公司工作。他必须到密苏里州水晶城的匹兹堡玻璃公司——一座花费好几百万美元建造的工厂去安装一架瓦斯清洁机，以清除瓦斯燃烧的杂质，使瓦斯燃烧时不会伤到引擎。这种瓦斯清洁方法是一个创新，以前只试过一次——而且当时的情况很不相同。他到密苏里州水晶城工作的时候，很多事先没有想到的困难发生了。经过一番调试，机器可以使用了，可是效果并不像他们所保证的那样。

威廉·卡瑞尔对自己的失败非常吃惊，觉得好像是有人在他头上重重地打了一拳。他的胃和整个肚子都开始疼痛起来。有好一阵子，威廉·卡瑞尔担忧得简直无法入睡。

威廉·卡瑞尔也意识到了忧虑并不能解决问题，于是，想出了一个解决问题的办法，即接受可能发生的最坏情况。这一方法共有 3 个步骤：

第一步，毫不害怕而是诚恳地分析整个情况，然后找出万一失败后可能发生的最坏情况是什么：没有人会把我关起来，或者把我枪毙，这一点说得很准。不错，很可能我会丢掉工作，也可能我的老板会把整个机器拆掉，使投进去的两万美元泡汤。

第二步，找出可能发生的最坏情况之后，让自己在必要的时候能够接受它。我对自己说，这次失败在我的记录上会是一个很大的污点，我可能会因此而丢掉工作。即使真是如此，我还是可以另外找到一份差事。事情可能比这更糟。至于我的那些老板——他们也知道我们现在是在试验一种清除瓦斯的新方法，如果这种实验要花他们两万美元，他们还付得起。他们可以把这个账算在研究费上，因为这只是一种试验。

第三步，从这以后，我就平静地把我的时间和精力拿来试着改善我在心理上已经接受的那种最坏情况。

威廉·卡瑞尔通过努力发现，如果他们再花几千美元加装一些设备，问题就能得到解决。他们照着这个办法做了，最后公司不但没有损失两万美元，还赚了两万美元。

如果当时威廉·卡瑞尔一直担心下去的话，恐怕再也不可能做到这一点。因为忧虑的最大坏处就是摧毁一个人集中精神的能力。一旦忧虑产生，我们的思想就会到处乱转，从而丧失做出决定的能力。然而，当我们强迫自己面对最坏的情况，并且在精神上先接受它之后，我们就能够衡量所有可能的情形，使我们处在一个可以集中精力解决问题的状态。

已故美国心理学之父威廉·詹姆斯教授曾告诉他的学生：

"要愿意承担这种情况……接受可能的最坏结果，这是克服随之而来的任何不幸的第一步骤。"

这一说法的确不错，在心理上能让你发挥出新的能力。在人们接受了最坏的情况之后，就不会再损失什么，这也就是说，一切都可以寻找回来。"在面对最坏的情况之后，"威廉·卡瑞尔告诉我们，"我马上就轻松下来，感到一种好几天来没有经历过的平静。然后，我就能思想了。"他的说法很有道理，不是吗？

最美的是过程

> 没有人生活在过去，也没有人生活在未来，现在是生命确实占有的唯一形态。
> ——叔本华

哈佛告诉学生：品味过程之美，才会懂得珍爱生命中的每一天，拒绝和抛弃那些不必要的精神压力和束缚。

一个很穷的小伙子，每天都要上班做工。一天，他在路上捡到一把神奇的钥匙。神奇的钥匙告诉小伙子，它能满足他的一切心愿。

小伙子想：如果我现在能有好多好多的钱该多好啊，我就不用每天辛苦地做工了。小伙子刚这么一想，他就有了很多的钱。

这时小伙子又想起了自己喜欢的姑娘，如果她马上成为我的妻子该有多好！于是，他喜欢的姑娘立即成了他的妻子。

小伙子又想：我有这么多钱，又有了妻子，我不想再等了，我现在希望自己有很多孩子，以便继承我的家产。这样，小伙子又有了许多孩子。

所有的过程都被简化了，小伙子一下子拥有了想要的一切。不过他发觉自己也已经变成一个老头子。小伙子懊丧地说："噢，不，请求你，神奇的钥匙，将我变回原来的样子吧！我想每天出去做工赚钱，晚上瞒着姑娘的父母偷偷约她出去，牵着她的手在树林中散步，让这一切都慢慢来吧。"

可是，神奇的钥匙却不再理他了。

生活中大多数人都急于奔向目标而忽略了过程中的美丽风景。其实抛弃对过去和未来的忧虑，能帮助你享受现在每一天的快乐，让你能够在它们最新鲜的时候品尝和欣赏。

快乐根植于心

——快乐地生活

阳光人生需要阳光心态

> 充满着欢乐与战斗精神的人们，永远带着欢乐，欢迎雷霆与阳光。
>
> ——赫胥黎

哈佛告诉学生：积极向上的生活态度，对幸福生活的主动追求，需要你总是选择乐观，乐观的人总能以阳光的心态迎接生活。

琳达是个不同寻常的女孩。她的心情总是非常好，因为她对事物的看法总是正面的。

当有人问她近况如何时，她就会答："我当然快乐无比。"她是个销售经理，也是个很独特的经理。因为她换过几家公司，而每次离职的时候都会有几个下属跟着她跳槽。她天生就是个鼓舞者。如果哪个下属心情不好，琳达会告诉他怎么去看事物的正面。

这种生活态度的确让人称奇。

一天一个朋友追问琳达说:"一个人不可能总是看事情的光明面。这很难办到！你是怎么做到的？"

琳达回答道:"每天早上我一醒来就对自己说,琳达你今天有两种选择,你可以选择心情愉快,也可以选择心情不好。我选择心情愉快。然后我命令自己要快快乐乐地活着,于是,我真的做到了。每次有坏事发生时,我可以选择成为一个受害者,也可以选择从中学些东西。我选择从中学习。我选择了,我做到了。每次有人跑到我面前诉苦或抱怨,我可以选择接受他们的抱怨,也可以选择指出事情的正面。我选择后者。"

"是！没错！可是并没有那么容易做到吧。"朋友立刻回应。

"就有那么容易。"琳达答道,"人生就是选择。每一种处境面临一种选择。你选择如何面对各种处境,你选择别人的态度如何影响你的情绪,你选择心情舒畅还是糟糕透顶。归根结底,你自己选择如何面对人生。"

她曾被确诊患上了中期乳腺癌,需要尽快做手术。手术前期,她依然过着正常而有规律的生活。所不同的就是,每天下午三点半的时候要接受医院规定的检查。对于来检查的医生,她总是微笑接待,让他们感到轻松无比。

直到手术麻醉之前,她仍然对主治医师说:"医生,你答应过我,明天傍晚前用你拿手的汉堡换我的插花！别忘了！上次的自制汉堡,味道真好,让人难以忘怀！"医生哭笑不得。手术果然进行得很顺利。两个月后的一天,朋友来探望她,她竟然马上忘记疼痛,要送朋友一件自己刚刚被医院允许做好的插花。等到她出院时,竟然与医科室一半的人都交上了朋友,包括那些病友。因为人们都被她的轻松与坚强感染和征服。

对生活抱一种达观的态度,就不会稍有不如意,就自怨自艾。大部分终日苦恼的人,实际上并不是遭受了多大的不幸,而是自己的内心素质存在着某种缺陷,对生活的认识偏差。事实上,生活中有很多坚强的人,即使遭受不幸,精神上也会岿然不动。生活是喜怒哀乐之事的总和。我们必须清楚，不顺心、不如意，是人生不可避免的一部分，这些都不是我们个人的力量所能左右的。明白了这一点，我们就会对生活抱一种乐观的态度，而当这种态度占据我们的心灵后，我们就拥有了阳光的心态。

别让贫穷压弯了腰

贫穷不会磨灭一个人高贵的品质，反而是富贵叫人丧失了志气。

——薄伽丘

　　哈佛告诉学生：生活环境的贫寒，不应该成为一个自卑或消沉的原因。我们不要让贫穷压弯了腰，没有烦恼的贫穷胜于苦恼重重的富有。

　　约翰的父亲去世了，当时他只有10岁。别的孩子还在尽情玩耍的时候，小约翰却承担起了家庭的重担，他要和妈妈一起支撑家庭。他知道这不是一件简单的事，但他必须这样做，因为他是家里唯一的男子汉。他从来不张口向母亲要任何东西，但是这一次，他非常需要一本字典，因为只有这样才能把这门课上好。

　　但怎么向妈妈要这些钱呢？看到母亲整天省吃俭用为了这个家而操劳，约翰心里实在不是滋味，躺在床上，他彻夜未眠，天快亮的时候才昏昏沉沉地睡去了。第二天醒来的时候，大雪盖住了所有的路，刺骨的寒风吹得每个人都不想去扫雪。

　　但约翰可不这样想，他知道自己赚钱的机会到了。于是他就跑到邻居家，提出替他们清扫屋前的积雪，这个建议被邻居接受了。当完成这项工作后，他得到了自己应得的报酬。

　　看来还有其他的人也愿意让人替他们扫雪，就这样，小约翰换了一家又一家，整整一天他都在为别人家扫雪，最后他赚的钱足够买一本字典了，而且还有剩余。他拿着辛辛苦苦赚来的钱，兴高采烈地向回家的路上走去。

"太累了，应该好好休息一下了！不，不能休息，自己家门前的雪还没有扫呢！"于是他加快了回家的步伐。

当他回到家的时候，发现自己家门口的雪早已经被扫干净了。母亲做好了热乎乎的饭，正在家里等着他呢。母亲知道他干什么去了，她用鼓励的眼神看着自己的孩子，她相信约翰是最懂事的孩子，他将来一定会取得很大的成就。

穷人的孩子早当家，道理一点没错。人穷志不穷，永远相信只要有志气就不会有无法克服的困难。其实只要我们灵机一动，就不难发现，生活的方式有很多，外在的困难根本难不倒我们。在金钱充斥的社会中，很多人尤其是青少年把贫穷当作罪恶或是羞耻，他们因为出身贫寒而自卑。哈佛告诉我们，贫穷虽不光荣，但是它不能成为阻碍进步的绊脚石。只要你以乐观的心态去看待生活，并有决心改变不良的现状，你就不会永远贫穷。

不要让心智老去

如果皱纹要刻在眉上，那就不要让皱纹刻在心上。精神不应该变老。

——詹姆士·A.加菲尔德

哈佛告诉学生：年轻不在于美丽的容颜，而在于心态。心态一旦老去，便再也找不回青春的痕迹。

一天夜里，一场雷电乱发的山火烧毁了美丽的"万木庄园"，这座庄园的主人迈克陷入了一筹莫展的境地。面对如此大的打击，他痛苦万分，闭门不出，茶饭不思，夜不能寐。

转眼间，一个多月过去了，年已古稀的外祖母见他还陷入悲痛之中不能自拔，就意味深长地对他说："孩子，庄园成了废墟并不可怕，可怕的是，你的眼睛失去了光泽，一天一天地老去。一双老去的眼睛，怎么能看得见希望……"汤姆在外祖母的说服下、决定出去转转。他一个人走出庄园，漫无目的地闲逛。在十条街道的拐弯处，他看到一家店铺门前人头攒动。

原来是一些家庭主妇正在排队购买木炭。那一块块躺在纸箱里的木炭让汤姆的眼睛一亮，他看到了一线希望，急忙兴冲冲地向家中走去。

在接下来的两个星期里，汤姆雇了几名烧炭工，将庄园里烧焦的树木加工成优质的木炭，然后送到集市上的木炭经销店里。

很快，木炭就被抢购一空，他因此得到了一笔不菲的收入。他用这笔收入购买了一大批新树苗，一个新的庄园初见规模了。

几年以后，"万木庄园"再度绿意盎然。

没有什么可以挡得住你前进的脚步，擦亮你的眼睛，你将会看到生活的希望，一切还皆有可能。拿破仑曾说过："最困难的时候，也是我们离成功不远的时候。"没有什么东西能让你的心产生皱纹。哈佛告诉你：永远不要让心智老去。

平常心成就美丽人生

一切真正和伟大的人，都是淳朴而谦逊的。

——别林斯基

哈佛告诉学生：宝贵的平常心会让你宠辱不惊。一个人，无论成败，只要能拥有一颗宁静的心，他就是幸福的。

一对老夫妇谈恋爱的时间是 1967 年元月，当时全国政局一片混乱，百姓苦不堪言。那时候，粮店里的米与副食店里的肉、豆腐和百货店里的肥皂、布匹以及煤铺里的煤等生活物资均要凭票供应，普通人家的生活清苦至极。男方的家在城郊的小菜园里，用现在的话说，那里是当地的蔬菜基地。

女孩第一次"访地方"（当地将女方到男方家里去了解情况称为"访地方"）时，男方留她和媒婆吃中饭。菜很简单，只有两道：几个荷包蛋外加一碗萝卜丝。其中，鸡蛋是向邻居借的，萝卜则是自己种的。

在回家的路上，媒婆说男方人穷又小气，劝漂亮的女孩别嫁过来。女孩却说男方煮的萝卜丝很好吃，这说明他很能干。

过了一段时间，当女孩一个人再次来找男孩时．男孩刚好捉了一些鲫鱼。招待女孩的菜仍然是两道，除了油煎鲫鱼外，还有一碗红烧萝卜。吃饭时，女孩称赞男孩的萝卜做得很有特色，并说自己很喜欢吃萝卜。男孩说："是吗？你下次来我请你吃另一种口味的萝卜。"

在后来的来往中，女孩尝尽了男孩所制的不同口味的萝卜：清炒萝卜、清炖萝卜、白焖萝卜、糖醋萝卜、麻辣萝卜、萝卜干和酸萝卜等等。

再后来，女孩就成了这些萝卜的俘虏，嫁给了男孩。

当有人今天质问老太太当时为何不嫁给那些有条件煮肉炖鸽杀鸡烧鱼的男人，却嫁给只会烹饪萝卜的人时，老太太说："当时我认为，一个男人在那样清贫的日子里竟能够把一种普通的萝卜烹饪出甜酸苦辣咸等几种不同的口味，味美而令我大饱口福、弥久难忘，我想他同样能够将清贫的日子调理得色彩斑斓。谈婚论嫁，既要注重眼前，更要注重将来。这不，如今我和他结婚已30多年了，你看我们吵了几次架？更不像某些同龄人那样动不动就闹离婚。日子虽然过得平淡了一点，但平淡中更能见真情！"

老太太说得不错，在我们的日常生活中，愈是具有平常心的人，生活愈能幸福，而那些整日斤斤计较，患得患失的人反而苦恼无穷。

做人应有一颗平常心。平常心贵在平常，波澜不惊，生死无畏，于无声处听惊雷。平常心是一种超脱眼前得失的清静心、光明心。贫贱不能移，富贵不能淫，威武不能屈。安贫乐富，富亦有道。无论处于何种环境下，都能拥有平常心，那一定是个了不起的人。就如前面故事中老太太所赞美的，不是个圣人，也是个贤人。只要我们努力，就能够以平常心去对待纷杂的世事和漫长的人生，至少能够做到以平常心跨越人生的障碍。

所以平常心，看似平常，实不平常。

活在今天

> 过去的事已经过去了，所以作为往事就让它去吧。
>
> ——荷马

哈佛告诉学生：你没必要为过去而懊悔，也没必要为未来而不安，最明智的做法就是做好今天该做的事情。

1871 年春天，一个蒙特瑞综合医院的医学学生偶然拿起一本书。他看到了书上的一句话，就是这话，改变了这个年轻人的一生。它使这个原来只知道担心自己的期末考试成绩、自己将来的生活何去何从的年轻的医学院的学生，最后成为他那一代最有名的医学家。他创建了举世闻名的约翰·霍普金斯学院，被聘为牛津大学医学院的钦定讲座教授，还被英国国王册封为爵士。他死后，用厚达 1466 页的两大卷书才记述完他的一生。

他就是威廉·奥斯勒爵士，而下面就是他在 1871 年看到的由汤冯士·卡莱里所写的那句话："人的一生最重要的不是期望模糊的未来，而是重视手边清楚的现在。"

威廉·奥斯勒爵士曾在耶鲁大学做了一场演讲。他告诉那些大学生，在别人眼里，曾经当过 4 年大学教授，写过一本畅销书的他，拥有的应该是"一个特殊的头脑"，可是，他的好朋友们都知道，他其实也是个普通人。他的一生得益于那句话："人的一生最重要的不是期望模糊的未来，而是重视手边清楚的现在。"很久以前，曾经有两位哲人游说于穷乡僻壤之中，对前来听教的人说了一句流传千古的话："不要为明天的事烦恼。明天自有明天的事。只要全力以赴地过好今天就行了。"许多人都觉得耶稣说的这句话难以实行，他们认为为了明天的生活有保障，为了家人，为了将来出人头地，必须做好准备。

我们当然应该为明天制订计划，可是却完全没有必要去担心。原美军一位海军指挥官曾经说过："在战斗中，我所能做的就是提供最好的武器装备，选择我认为最优秀的作战计划，仅此而已。"他还说："如果一艘军舰被击沉，就再也无法挽回了。我的时间是用来做还有希望的事情的。而不是用来悔恨的。"这就是积极和消极的区别。积极的思考和态度带你走向明天；而消极的观念，则让你一直留在沮丧的昨天。

现代生活中，存在着一种惊人的事实，证明了现代生活的错误。在美国，医院里半数以上的病床都被精神病人占据着，而这些人大多是因为不堪忍受生活的重负而精神崩溃的。

可是，如果他们谨奉耶稣的箴言："不要为明天的事忧虑"，谨记威廉·奥斯勒的话："人只能生存在今天的房间里"，就能成为一个快乐的人，满意地度过一生。

成功由心态掌控

> 一个没有欢笑的人就像一架没有弹簧的马车，每驶过一块碎石便会随之不愉快地颠簸摇摆。
>
> ——亨利·沃德·比彻

哈佛告诉学生：积极的心态能使你集中所有的精神力量去成就一番事业。当你以积极的心态全力以赴时，无论结果如何，你都是赢家。

有一位妈妈，她有一位读高中而且网球打得很好的女儿。有一年，学校举行网球联赛，女儿信心十足地报了名，满怀着夺冠的希望。

比赛前，当女儿查看赛程表时，发现第一场和自己比赛的竟是曾经打败自己的那个高手，她很是灰心，开始垂头丧气起来。

"这次可能连预赛出线的机会也没有了。"

妈妈看见女儿如此绝望，自己的压力也很大。脑子一转，对她说："你想不想把那人打败报仇呢？"

"当然想呀，不过她上次把我打得很惨，我们的实力相差太远了。"

"我有一个方法，如果你照着我的话做，你便能赢这场比赛。"

"真的吗？请妈妈快点告诉我好吗！"

"你现在闭上眼睛，回想以前你打网球时最精彩的一幕，把那过程从头到尾重演一次，好好地感受胜利的滋味。"

女儿照着妈妈的话做，刚才脸上的绝望不见了，换来的是一片容光焕发。对面临的比赛态度的改变，让她充满了信心和活力。

不久，比赛开始了。女儿信心百倍地踏上球场，施展浑身解数，把对方打得落花流水，顺利地赢得第一场比赛。比赛结束之后，女儿兴高采烈地冲向妈妈。妈妈说："你打得很好！"

"全靠妈妈的指点。坦白说，我最初听到你的建议时觉得有点怀疑，没想到那么有效！"女儿兴奋地说着。

想想积极的事，有助于心态的改变。凡事不从好的方面去想，往往可能还没去做某件事，就失去了信心，其结果十有八九会朝着不利的方向发展。做什么事，都要有积极的心态，都要从好的方面去想。当你想象你会成功时，你就会增强信心，并在实践中想方设法做到成功。从好的方面想，才有好的结果。

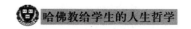

要快乐就要简单生活

> 简单生活不是自甘贫贱。你可以开一部昂贵的车，但仍然可以使生活简单化。一个基本的概念在于你想要改进你的生活品质。关键是诚实地面对自己，想想生命中对自己真正重要的是什么。
>
> ——卡尔逊

哈佛告诉学生：简单的生活，就是快乐的生活。如果你对生活有太多的要求，就会被生活所累。人生的最大悲剧就是被生活赶着走。

有一个老人，非常喜欢留大胡子，花白的胡子足有 30 多厘米长。

有一天，老人在门口溜达，邻居家 5 岁的小孩儿问他："老爷爷，你这么长的胡子，晚上睡觉的时候，是把它放在被子里面呢还是放在被子外面呢？"

老人竟一时答不上来。

晚上睡觉的时候，老人突然想起小孩子问他的话。他先把胡子放在被子外面，感觉很不舒服；他又把胡子拿到被子里面，仍然觉得很难受。

就这样，老人一会儿把胡子拿出来，一会儿又把胡子放进去，整整一个晚上，他始终想不出来，过去睡觉的时候，胡子是怎么放的。

第二天天刚亮，老人敲邻家的门。

正好是小孩子来开门，老人生气地说："都怪你这小孩，害我一晚上没有睡成觉！"

胡子放在被子里还是被子外？平时很不注意的问题，考虑多了便成了烦恼。人们往往就是这样，喜欢把一些简单的问题复杂化。因为烦琐，所以烦恼，因为简单，所以快乐。人生短暂，不要太多地计较那些琐屑的事情，车到山前必有路，让生活简单点，你会快乐许多。

热忱让人生更生动

——热忱地迎接人生

学会适应压力

> 生活的情况越艰难，我越感到自己更坚强，甚而也更聪明。
>
> ——高尔基

哈佛告诉学生：现代人大都背负着沉重的生活压力，时常担心这个，担心那个，忧虑总是永无止境。你应该学会适应压力。

面对这么多的压力，你该试一试所谓的"沙漏哲学"，既然你所忧虑的事不是一时半刻就能改变，你就要用另一种心情去面对。

第二次世界大战时期，米诺肩负着沉重的任务，每天花很长的时间在收发室里，努力整理在战争中死伤和失踪者的最新纪录。

源源不绝的情报接踵而来，收发室的人员必须分秒必争地处理，一丁点的小错误都可能会造成难以弥补的后果。米诺的心始终悬在半空中，小心翼翼地避免出任何差错。

在压力和疲劳的袭击之下，米诺患了结肠痉挛症。身体上的病痛使他忧心忡忡，他担心自己从此一蹶不振，又担心是否能撑到战争结束，活着回去见他的家人。

在身体和心理的双重煎熬下，米诺整个人瘦了 15 千克。他想自己就要垮了，几乎已经不奢望会有痊愈的一天。

身心交相煎熬，米诺终于不支倒地，住进医院。

军医了解他的状况后，语重心长地对他说："米诺，你身体上的疾病没什么大不了，真正的问题是出在你的心里。我希望你把自己的生命想象成一个沙漏，在沙漏的上半部，有成千上万的沙子。它们在流过中间那条细缝时，都是平均而且缓慢的，除了弄坏它，你跟我都没办法让很多沙粒同时通过那条窄缝。人也是一样，每一个人都像是一个沙漏，每天都是一大堆的工作等着去做，但是我们必须一次一件慢慢来，否则我们的精神绝对承受不了。"

医生的忠告给米诺很大的启发，从那天起，他就一直奉行着这种"沙漏哲学"，即使问题如成千上万的沙子般涌到面前，米诺也能沉着应对，不再杞人忧天。他反复告诫自己说："一次只流过一粒沙子，一次只做一件工作。"

没过多久，米诺的身体便恢复正常了，而且，他还学会如何从容不迫地面对自己的工作。

人没有 1 万只手，不能把所有的事情一次解决，那么又何必一次为那么多事情而烦恼呢？

不能即时改变的事，你再怎么担心忧虑也只是空想而已，事情并不能马上解决。你应该试着一件一件慢慢来，全心全意把眼前的事做好。

人生在世，本来就会面临各种各样的压力，当你学会调整自己，让压力一点一滴而来时，你会发现，压力其实是一种动力，只要你按部就班，它就会不断推动着你努力前进。

不为打翻的牛奶哭泣

> 有些人因为贪婪，想得到更多的东西，却把现在所有的都失去了。
>
> ——伊索

哈佛告诉学生：无法挽回的东西就忘掉它，如果有机会补救就要抓住最后的机会。后悔、埋怨、消沉不但于事无补，反而会阻碍前进的脚步。

十几岁的卡维琪经常为很多事情发愁。他常常为自己犯过的错误自怨自艾：交完考试卷以后，常常会半夜里睡不着，害怕没有考及格。他总是想那些做过的事，希望当初没有这样做；总是回想那些说过的话，后悔当初没有将话说得更好。

一天早上，全班到了科学实验室。老师温斯顿博士把一瓶牛奶放在水槽边上。大家都坐了下来，望着那瓶牛奶，不知道它和这堂生理卫生课有什么关系。

过了一会儿，温斯顿博士突然站了起来，一巴掌把那牛奶瓶打碎在水槽里，同时大声叫道："不要为打翻的牛奶而哭泣。"

然后他叫所有的人都到水槽旁边，好好地看看那瓶打翻的牛奶。

"好好地看一看，"他对大家说，"我希望大家能一辈子记住这一课，这瓶牛奶已经没有了，你们可以看到，它都漏光了，无论你怎么着急，怎么抱怨，都没有办法再救回一滴。只要先用一点思想，先加以预防，那瓶牛奶就可以保住。可是现在已经太迟了，我们现在所能做到的，只是把它忘掉、丢开这件事情，而去注意下一件事。"

卡维琪对这堂课感触颇深，他终于明白了自己的苦恼都来自何处了。

做错了事，只后悔和自责是没有用的，重要的是尽量避免错误，并且在做错事情后好好地自我反省。不要太在意他人的批评，任何人都有批评你的权利。你要把握的是：哪些是不需要听取的批评，哪些是真正对你有益的。

如果你的每一天都在对所做错的事悔恨不已，那你只能终日生活在错误和苦恼之中。

相信脚比路长

> 伟大的热情能战胜一切，因此，我们可以说，一个人只要强烈地坚持不懈地追求，他就能达到目的。
>
> ——司汤达

哈佛告诉学生：热忱能够促使及激励一个人在做事时采取积极的行动。要想获得这个世界上的最大奖赏，你必须拥有曾经的那种最伟大的开拓者的激情。

古老的阿拉比国坐落在大漠深处。多年的风尘肆虐，使城堡变得满目疮痍，国王对4个王子说，他打算将国都迁往据说美丽而富饶的卡伦。

卡伦离这里很远很远，要翻过许多崇山峻岭，要穿过草地、沼泽，还要涉过很多的大河，但究竟有多远，没有人知道。

于是，国王决定让4个儿子分头前往探路。

大王子乘车走了7天，翻过3座大山，来到一望无际的草地边，一问当地人，得知过了草地，还要过沼泽，还要过大河、雪山……便马上往回走。

二王子策马穿过一片沼泽后，被那条宽阔的大河挡了回去。

三王子过了那条大河，却被那一片辽远的大漠吓退了。

1个月后，3个王子陆陆续续回到国王那里，将各自沿途所见报告给国王，并都再三特别强调，他们在路上问过很多人，都告诉他们去卡伦的路很远很远。又过了5天，小王子风尘仆仆地回来了，兴奋地报告父亲到卡伦只需18天的路程。

国王满意地笑了："孩子，你说得很对，其实我早就去过卡伦。"

几个王子不解地望着国王，那为什么还要派他们去探路？

国王一脸郑重道："我只想告诉你们 4 个，脚比路长。"

当你坚信"脚比路长"时，你的热情会促使你把理想付诸行动。尽管促成一个人成功的因素很多，而居于这些因素之首的是热情。没有它，不论你有多大能力，都发挥不出最大效率。热情是帮助你集中全身力量去投身于某个愿望的强大能源。

要永远相信"脚比路长"。

热情创造奇迹

热情是灵魂之门。

——格拉西安

哈佛告诉学生：热忱的力量无比强大，在它的支配下，很多奇迹都会诞生。热情的奇效在于激发你追求自己的强项和活力。

在巴黎的一家美术馆里，陈列着一座美丽的雕像，它的作者是一个身无分文的艺术家。每天，他都到一间小阁楼上工作。就在作品模型快要完工的时候，城里的气温骤然下降，降到了零度以下。如果黏土模型缝隙中的水分凝固结冰的话，那么，整个雕像的线条都会扭曲变形。于是，艺术家就把自己身上的睡衣脱了下来，盖在雕像身上。

第二天清晨，人们发现艺术家已经离开了人世，但他的艺术构思却保留下来，在别人的帮助下，一件伟大的大理石作品诞生了。

美国政治家亨利·克莱曾经说："遇到重要的事情，我不知道别人会有什么反应，但我每次都会全身心地投入其中，根本不去注意身外的世界。那一时刻，时间、环境、周围的人，我都感觉不到他们的存在。"

一位著名的金融家也有一句名言："一个银行要想赢得巨大的成功，唯一的可能就是，它雇一个做梦都想把银行经营好的人作总裁。"原来是枯燥无味、毫无乐趣的职业，一旦投入了热情，立刻会呈现出新的面貌。

爱默生说："人类历史上每一个伟大而不同凡响的时刻，都可以说是热忱造就的奇迹。"

一旦缺乏热忱，军队无法克敌制胜，艺术品无法流传后世；一旦缺乏热忱，人类不会创造出震撼人心的音乐，不会建造出令人难忘的宫殿，不能驯服自然界各种强悍的力量，不能用诗歌去打动心灵，不能用无私崇高的奉献去感动这个世界。也正是因为热忱，伽利略才举起了他的望远镜，最终让整个世界都拜倒在他的脚下；哥伦布才克服了艰难险阻，贪图到了巴哈马群岛清新的晨风。凭借着热忱，自由才获得了胜利；凭借着热忱，林中的原始民族举起手中的利斧，砍开了通往文明的道路；也是凭借着热忱，弥尔顿、莎士比亚才在纸上写下了他们不朽的诗篇。

美国著名社会活动家贺拉斯·格里利曾经说过，只有那些具有极高心智并对自己的工作有真正热忱的工作者，才有可能创造出人类最优秀的成果。

萨尔维尼也曾经说："热忱是最有效的工作方式。如果你能够让人们相信，你所说的确实是你自己真实感觉到的，那么即便你有很多缺点别人也会原谅。最重要的是，要学习、学习、再学习。你一定要努力，否则，再有才华也会一事无成。我自己就是这样，有时为了彻底把握一个细小的环节不得不花上数年的时间。"

热忱，就是一个人保持高度的自觉，就是把全身的每一个细胞都调动起来，完成他内心渴望去完成的工作。正是出于这种热忱，我们才能够全神贯注地投入工作。

把热情带入工作

> 　　如同心情不快时进餐就会食欲不振一样，没有热情地从事科学研究就会使记忆力混乱，使记忆力不能消化所吸收的东西。
>
> 　　　　　　　　　　　　　　　　　　　　　　　　　　——达·芬奇

　　哈佛告诉学生：工作需要热情，如果带着倦意和被迫去工作，不仅难以在工作中取得成功，也会使你的生活变得痛苦不堪。

　　热情是一种精神特质，代表一种积极的精神力量，这种力量不是凝固不变的，而是不稳定的。不同的人，热情程度与表达方式不一样；同一个人，在不同情况下，热情程度与表达方式也不一样。但总的来说，热情是人人具有的，善加利用，可以使之转化为巨大的能量。

　　你内心里充满要帮助别人的热情，你就会兴奋，你的精神振奋，也会鼓舞别人工作，这就是热情的感染力量。在职业生涯中，要想与别人竞争，必须保持一股工作的热情。

　　你如果已经工作了，就会知道，当你最初接触一项工作的时候，由于陌生而产生新奇，于是你千方百计地了解、熟悉工作，干好工作，这是你主动探索事物秘密的心理在职业生涯中的反应。而你一旦熟悉了工作性质和程序，日常习惯代替了新奇感，就会产生懈怠的心理和情绪，容易故步自封而不求进取。你这种主观的心理变化表现出来，就是情绪的变化。

　　同样一份职业，同样由你来干，有热情和没有热情，效果是截然不同的。前者使你变得有活力，工作干得有声有色，创造出许多辉煌的业绩；而后者，使你变得懒散，对工作冷漠处之，当然就不会有什么发明创造，潜在能力也无从发挥。你不关心别人，别人也不会关心你；你自己垂头丧气，别人自然对你丧失信心；你成为这个职业群体里可有可无的人，也就等于你取消了自己继续从事这份职业的资格。可见，培养职业热情，是竞争至关重要的事情。

怎样才能使你在工作中满怀热情呢？

首先你要保证，你正在做的事情正是你最喜欢的，然后高高兴兴地去做，使自己感到对现在的职业已很满足。其次，是要表现出热情，告诉别人你的工作状况，让他们知道你为什么对这项职业感兴趣。

事实上，每个人都有理由对工作充满热情，不论是作家、教师、工程师、工人、服务员，只要自己认为理想的职业就应该是热爱的，热爱也就自然珍惜。但有些职业在经过深入了解以后，可能会感到无非如此，用不着付出多大努力，以例行公事的态度从事就可以了。你虽然热爱自己的职业，却不知道怎样把职业掌握在自己手里，那你注定不会在自己的职业上取得大的成就。

再熟悉的职业，再简单的工作，你都不可掉以轻心，都不可没有热情。如果一时没有焕发出热情，那么就强迫自己采取一些行动，久而久之，你就会逐渐变得热情。假使你相信自己从事的职业是理想的，就千万别让任何事情阻止了你的工作热情。

世上许多做得极好的工作，都是在热情的推动下完成的。关键是要有把工作做好的热情，并能善始善终。拉·封丹指出："无论做任何事情，都应遵循追求高层次的原则。你是第一流的，你应该有第一流的选择。"

热忱让人生更生动

热情是这个世界上最伟大的财富，它远胜过金钱、权力和影响力。

——亨利·切斯特

哈佛告诉学生：一个人，如果对任何事情和任何人都冷漠，那么他的人生也会相当乏味。热忱是让人生更加生动的催化剂。

热情所以有非凡的力量，是因为它能给人激励、给人鼓舞。一个在工作中投入热情的人，常常不会感到一丝一毫的疲倦、劳累，而且常常觉得自己有使不完的力气，能够完成平时根本不可能完成的事情。

热情可以使你的人生获得一种向前的动力，它可以帮助你把自己的想法变成现实。而离开了热情，你即使有很大的潜能，也根本无力去实现它。

热情还有一个作用是它能够感染周围的人。他们目睹了你的热忱，不禁会被你带动，也会以同样的热情投入到生活中。

伯莱德在一家服装厂工作，依照他的学识，本来应该可以有更好的工作，但因为身体缺陷，他只能做一个不需要站立和行走的工作，因此，他成为一名缝纫工。但他并没有为此而苦恼，而是很热忱地投入到这份工作中。每天，他都在休息时间给同事们讲笑话，在一天的工作结束后，他又"痴迷"于服装的设计，每天晚上，他都会躺在床上看服装设计类的书籍。在工厂里，他是个备受欢迎的人，就因为他为人热情，性格乐观。不久，他被厂长提升为服装设计师。

热情是生活中最缤纷多彩的部分，它可以驱走我们心底的阴郁、烦恼和不快。大家都喜欢和热情的人交往，因为他会带给人一种向上的精神并创造一种"明亮"的氛围。因为热情，你就可以获得别人的欢迎，赢得很多朋友，人生也就会变得丰富多彩起来。

强迫自己采取热忱的行动

> 热情，像熊熊的火焰，是一切的原动力！有了伟大的热情，才有伟大的行动。
>
> ——王若飞

哈佛告诉学生：当你不想跳过栅栏时，把帽子扔过栅栏，这时你就会被迫跳过去。这就是你强迫自己采取热忱行动的办法。

面对一些比较困难或者不愿做的事时，人们总是采取逃避的态度把它往后搁。

这是查理小时候父亲常常教导他的："当你面对一道难于翻越的栅栏并准备退缩时，先把帽子扔到栅栏那边够不到的地方，这样你就不得不强迫自己想尽一切办法越过这道栅栏。"

父亲就是用这样的方法来到这儿的。他出生在离这儿有约97千米的一个小镇，20岁时，便离开了家庭和亲友来到这儿寻找新的生活。除了载他前来的一艘小船外，他一无所有。工作很难找，父亲跑了几天，但一无所获。他有点失望了，几乎想放弃在城市里生活的梦想，驾着船回家。可他把"帽子扔过栅栏"——他卖掉了仅有的小船，因为要在城市里生活下去，没有钱是不行的。没有了船，也就没有了退路，父亲只有向前。

不久，父亲在一个大公司里找到了一份工作，并在一个偶然的机会认识了母亲。后来终于发了迹，成了富裕的中产阶级的一分子。父亲就以他自身的经历教导查理："只有不顾一切地投入才能成功。"

把帽子丢过栅栏，其实是一种置之死地而后生的做法。当你做一件事遇到极大的困难时，断绝自己的后路，把自己置于一种无法回头的境地，让自己只能执着、义无反顾地向前冲，不顾一切地投入，全心全意地付出。著名的哈佛医学博士、成功学大师奥里森·马登也告诉我们："你愈投入，事情就愈显得容易。热情就是这样一股力量，它和信心一起将逆境、失败和暂时的挫折转变为行动。"

在困境面前不允许我们逃避，迎难而上才能解决问题，并最终获得成功。

第四课

悟懂人生中美的真谛

以柏拉图为友，以亚里士多德为友，更要以真理为友。

——哈佛大学校训

爱是终生受用的财富，是世间最美的东西，我们的人生因为爱才丰富和生动，我们永远都不要放弃。

——[哈佛大学教授] 乔治·桑塔耶那

真实是人生的最高境界

——"真"的才是美的

多追问事情的原委

> 在泥土下面，黑暗的地方，才能发现金刚石。在深入缜密的思想中，才能发现真理。
>
> ——雨果

哈佛告诉学生：不论做什么事情，都不能想当然，而是要深入实际进行调查了解。在没有弄清楚事情的真相之前，不应对其随意下判断。

一家著名的国际贸易公司高薪招聘业务人员，应征者络绎不绝。在众多的应聘者中，有一位年轻人条件最好，毕业于名牌大学，又有在市外贸公司工作的经验，所以他坐在主考官面前时，非常自信。

"你在外贸具体做什么？"主考官开始发问。

"做蔬菜。"

"哦,蔬菜。那你说说,对业务人员来说,是产地重要,还是客户重要?"

年轻人想了想,说:"客户重要。"

主考官看了看他,又问:"你做新鲜蔬菜应该知道,新鲜蔬菜中,蕨菜出口主要是对日本,以前销路非常好,有多少收多少,可是最近几年,国外客商却不要了,你说说为什么。"

"因为菜不好。""那你说说,为什么不好?"

"嗯,"年轻人停顿了一下,"就是质量不好。"

主考官看了看他,说:"我敢断定,你没有去过产地。"年轻人看着主考官,沉默了 30 秒钟,没有说是,也没有说不是,却反问:"你说说怎么能看出我去没去过?"

"如果你去过,就应该知道为什么菜不好。采集蔬菜的最佳时间只有10 天左右,这期间的蕨菜鲜嫩好吃,早了不成,晚了就老了。采好后,要摊开放在地里晾晒一天,第二天翻个过,再晾晒一天,把水分蒸发干,然后再成把捆好,装箱。等食用时放在凉水里浸泡一下就可以了。可是当地农民为了多采多卖,把蔬菜采到家,来不及放在地上晾晒,而是放在热炕上暖,这样只用两个小时就烘干了。这样加工处理的蕨菜,从外表上看都一样,可是食用时,不管放在水里怎么泡,都像老树根一样,又老又硬,根本咬不动。国外客商发现后,对此提出警告,一次,两次,还是如此。结果,人家干脆封杀,再不从我国进口了!"

年轻人听了,不好意思地低下头说:"我是没有去过产地,所以不知道你说的这些事。"

年轻人带着遗憾走出公司的大楼。这位最有希望入选的年轻人,最终没有被录取。这样的结局,从他离开主考官的那一刻,就已经知道了。他非常清楚:像这样著名的公司,是不会录取他这样一个在外贸工作 3 年、整天陪客户吃饭却没有去过一次产地的业务人员的!

真实在任何时候都不会贬值,脱离真实,如同生活在真空中,一切生机都不会盎然。做最真实的自己,并从基层做起,只有这样才能在激烈的竞争中脱颖而出。遇到事情，要多追问事情的原委，不要妄下结论。"真理就像上帝一样。我们看不见它的本来面目；我们必须通过它的许多表现而猜测它的存在。"时时记得要展现自身和一切事物真实的一面。

以真理为友

> 以真理为灯火，以真理为支柱，不要以别的东西为支柱。
>
> ——释迦牟尼

哈佛告诉学生：要始终以真理为友，无论是在权贵的重压之下还是在众人的非议之中。真理是火把，可以照亮整个世界，是真理的力量推动了人类的进步。

苏格拉底的学生，曾向他请教怎样才能获得真理。苏格拉底用手指捏着一个苹果。慢慢地，从每个同学的座位旁边走过，一边走一边说："请大家集中精力，注意品味空气中的味道。"然后，他走回到讲台上。把苹果举起来，左右晃了晃，问："哪位同学闻到了苹果的味道？"有一位学生举手回答说："我闻到了，是香味儿！"苏格拉底再次走下讲台、举着苹果，从学生的座位旁边走过，一边走一边叮嘱："你们务必集中精力，仔细嗅一下空气中的气味。"

稍停，苏格拉底第三次走到学生中间，让每位学生都嗅一下苹果。这一次，除了1位学生外，其他学生都举起了手，那位没举手的学生，突然左右看了看，也慌忙举起了手。苏格拉底脸上的笑容不见了，他举起苹果，缓缓地说："非常遗憾，这是1个假苹果，什么味道也没有。"

一个人发现真理很难，在发现真理之后坚持真理更难，尤其在他人不能够认同的情况下。而一个人要否决谬误则最难，特别在他人都相信那谬误是真理的时候。哈佛长年来形成了一种学术标准，对真理的认真探索无疑是这一标准的核心。

哈佛大学用校训警醒我们：以柏拉图为友，以亚里士多德为友，更要与真理为友。百年哈佛300多年来一直就视"真理"为"上帝"。

敢于说出事情的真相

> 不论将来人们怎样说我，我在每一件事情上都一丝不苟地固守真理，不违背事实。
>
> ——贝多芬

哈佛告诉学生：真理高于一切。你必须有足够的勇气战胜真理面前的障碍。这些障碍包括权威、私利、虚荣等很多因素。

每个人一生中都见证过无数真相，但因为这些事与己无关，或者与己有关同时也关系到他人，为了明哲保身，免担风险，就选择了沉默。就因这些沉默，人类的良知也渐渐沦丧。

神父很苦恼，事情的起因是由于一个男人在他面前做过一次忏悔。

"实话相告，我是个杀人犯。"

那男人坦白说，他是一起杀人案中真正的凶手，而该案的嫌疑犯已被逮捕并判处死刑。神父本应该向警察局报告这件事的真相，可是他的教规严禁将忏悔者的秘密泄露他人。

他不知如何是好。如果就这样保持沉默，一个无辜的人即将冤死，这会使他良心不安。但是要打破教规，这对于发誓将一生献给上帝的他来说，无论如何也做不到。他陷入了进退两难之中。

最后，他决定保持沉默。于是，他来到另一个神父的面前忏悔。

"我将眼看着一个无辜的人被处死……"

他陈述了事情的来龙去脉。

这位神父朋友也为难了。想来想去，他也决定保持沉默。为了逃避良心的谴责，他又向另外一个神父忏悔……

在刑场上，神父问死囚："你还有什么要说的吗？"

"我没有罪，我冤枉！"死囚叫道。

"这我知道。"神父回答，"你是无辜的，全国的神父都知道。但是，我们有什么办法呢？"

神父为了不受教规的处罚而放弃了对真理的遵从，而代价就是一个无辜的人走向刑场。真理是一个崇高的字眼，需要崇高的心灵去维护。每个人都希望自己站在真理这一边，但却不是每个人都有足够的勇气与真理为友。在私利面前，我们往往就失去了说出事情真相的勇气。

爱因斯坦曾说："我要做的只是以我微薄的绵力来为真理和正义服务，即使不为人喜欢也在所不惜。"

演绎好自我角色

真理是生活，你不应当到你的头脑里去寻找。

——罗曼·罗兰

哈佛告诉学生：我们在这个世界上可以扮演不同的角色，但不能隐藏真实的自己。若将真实的自己层层包裹，那你将走向孤独和自闭。但若你将真实的自我完全展示在人前，你也会承受很多外界压力。

实际上，你可以在工作和生活之间放一个屏风：一个可以相互渗透的分界线，两个角色既可以保持连通又相互独立。这让你人生的两个领域保持独立，同时又不是排他的或者二元的——让你在生活和工作中轻松转换角色。相反，在你需要或者情况允许时，这个屏风的渗透性又能让真实的自我渗透到工作之中。

伊斯曼在1900年所提出的1美元廉价柯达相机的概念，让摄影从神秘高雅的"阳春白雪"变为大众化的消遣。在他得出"我们从事的工作决定了我们拥有什么，我们的休闲活动决定我们是什么"这一如此坚定的结论时，他显然对于身份这个问题有所思索。在生意场上，伊斯曼强势而苛刻，他切断其他竞争对手的供货商，有时候让雇员过度工作直到极限。生活中的他沉默寡言，非常孝敬他年迈的母亲。他对待工作与生活的方式截然不同，但是这两个自我是统一的——二者之间没有冲突。他潜在的价值观——如他的慷慨大方，在二者中都有体现。当柯达公司赢利后，他主动把大部分利润分给他的工人们；在私人生活中（不像许多早期成功的企业家们），他积极地倾囊资助非营利组织，其中包括罗彻斯特大学、麻省理工学院以及伊斯曼音乐学院等。尽管在职业自我与私人自我之间有所区分，但伊斯曼保持了二者的一致性与连通性。

在工作角色和生活角色间划分界线的斗争不仅存在于个人事业的早期，而且贯穿人的一生——不管你享有多少金钱、荣誉或权力。不管是在你刚刚开始工作的头几年，还是在接近退休的时候，把生活中的你与工作中的你区分开来，是一件很难平衡的事情，但却值得我们去努力。

建立一个"类似自我"的公众角色有助于抵抗那些在职业生涯中必然会遇到的冷枪暗箭，使其对真正的"我"伤害最小化。工作是艰难的而且往往超出你所能控制的范围。

如果你将真正的你完全展示在人前，那就是将自己完全暴露于该环境中的袭击之下。但是若将自己的工作与生活区分开，你就能保护好自己那块领地，在那里你可以很安全地抵御工作施加于你的外部压力。

相反，工作之外的那个你可以给你支撑，给你持续工作的力量。在家里，你比单位中拥有更大的自主权，你可以成为自己想做的那个"我"，对于大多数影响你的事情都有决定权。家庭能带给你一种工作中所没有的互惠关系：不管你怎样热爱工作，工作不能爱上你，然而家人却可以。因此你的私人生活可以成为工作之外的一个安乐窝，给你控制权，给你回报。它能平衡你职业上的起起落落——但前提是它得到保护并不受干扰。

真实的高度

> 不要外出，退而自省，因为真理就在人的内心深处。
>
> ——圣·奥古斯丁

　　哈佛告诉学生：没有一件乐事能与站在真实的高峰相比。坐在巨人的肩头摘苹果固然容易，但没有味道。要想拥有真实的高度，首先要尊重真实。

　　一天，大仲马得知他的儿子小仲马寄出的稿子总是碰壁，便对小仲马说："如果你能在寄稿时，随稿给编辑先生附上一封短信，或者只是一句话，说'我是大仲马的儿子'，或许情况就会好多了。"

　　小仲马固执地说："不，我不想坐在你的肩头上摘苹果，那样摘来的苹果没味道。"年轻的小仲马不但拒绝以父亲的盛名作自己事业的敲门砖，而且不露声色地给自己取了十几个其他姓氏的笔名，以避免那些编辑先生们把他和大名鼎鼎的父亲联系起来。

　　面对一张张冷酷而无情的退稿笺，小仲马没有沮丧，仍在不露声色地坚持创作自己的作品。他的长篇小说《茶花女》寄出后，终于以其绝妙的构思和精彩的文笔震撼了一位资深编辑。这位老编辑曾和大仲马有着多年的书信来往。他看到寄稿人的地址同大作家大仲马的丝毫不差，怀疑是大仲马另取的笔名。但作品的风格却和大仲马的迥然不同。带着这种兴奋和疑问，他迫不及待地乘车造访大仲马家。

令他大吃一惊的是，《茶花女》这部伟大作品的作者，竟是大仲马的年轻儿子小仲马。"您为何不在稿子上署上您的真实姓名呢？"老编辑疑惑地问小仲马。小仲马说："我只想拥有真实的高度。"

老编辑对小仲马的做法赞叹不已。

《茶花女》出版后，法国文坛书评家一致认为这部作品的价值大大超越了大仲马的代表作《基度山恩仇记》。小仲马一时声誉鹊起。

有这样一句老话：前 30 年看父敬子，后 30 年看子敬父。但无论谁借谁的光，恐怕最长期限也不会超过 30 年，唯有靠自己的本事，才可能赢得长久的尊重。小仲马因为拥有真实的高度而站得更稳更久。

自然是美的最高境界

> 当你把自己独有的一面展示给别人时，魅力就会随之而来。
>
> ——索非娅·罗兰

哈佛告诉学生：自然美才是最美。真正的魅力不是刻意修饰出来的，只有自然美才能真正打动人心。

作家卡尔遇到了一位著名的化妆师。她真正懂得化妆，以化妆而闻名。

对于这个生活在与自己完全不同领域的人，卡尔增添了几分好奇，因为在他的印象里，化妆再有学问，也只是在皮相上用功，实在不是有抱负的人所应追求的。

因此，他忍不住问化妆师："你研究化妆这么多年，到底什么样的人才算会化妆？化妆的最高境界到底是什么？"

对于这样的问题，这位年华已逐渐逝去的化妆师露出一个深深的微笑。她说："化妆的最高境界可以用两个字形容，就是'自然'，最高明的化妆术，是经过非常考究的化妆，让人家看起来好像没有化过妆一样，并且化出来的妆与主人的身份匹配，能自然表现那个人的个性与气质；次级的化妆是把人突显出来，让她醒目，引起众人的注意；拙劣的化妆是一站出来别人就发现她化了很浓的妆，而这层妆是为了掩盖自己的缺点或年龄的；最坏的一种化妆，是化过妆以后扭曲了自己的个性，又失去了五官的协调，例如小眼睛的人竟化了浓眉，大脸蛋的人竟化了白脸，阔嘴的人竟化了红唇……"

化妆师见卡尔听得入神，继续说："这不就像你们写文章一样？拙劣地文章常常是词句的堆砌，扭曲了作者的个性；好一点的文章是光芒四射，吸引了人的视线，但别人知道你是在写文章；最好的文章，是作家自然的流露，他不堆砌，读的时候不觉得是在读文章，而是在读一个生命。"

"这是非常高明的见解！可是，说到底做化妆的人只是在表皮上做工夫！"卡尔感叹地说。

"不对，"化妆师说，"化妆只是最末的一个枝节，它能改变的事实很少，深一层的化妆是改变体质，让一个人改变生活方式、睡眠充足、注意运动与营养，这样她的皮肤改善，精神充足，比化妆有效得多；再深一层的化妆是改变气质，多读书、多欣赏艺术、多思考、对生活乐观、对生命有信心、心地善良、关怀别人、自爱自尊，这样的人即使不化妆也丑不到哪里去，脸上的化妆只是整个化妆活动最后的一件小事。我用3句简单的话来说明：三流的化妆是脸上的化妆；二流的化妆是精神的化妆；一流的化妆是生命的化妆。"

卡尔不住地点头。化妆师接着做了这样的结论："你们写文章的人不也是化妆师吗？三流的文章是文字的化妆；二流的文章是精神的化妆；一流的文章是生命的化妆。这样，你懂化妆了吗？"卡尔深为自己最初对化妆所持的观点而感到惭愧。

真正的魅力不是故意修饰出来的，只有让内心的修养和外在形象融为一体，才能在自然地流露中打动人心。为什么很多人会为大自然的美景所震撼，而不会被一座假山而征服。原始的美，是美的源头。大多数美的东西，都是朴素而真切的。"质朴和真实是一切艺术品的美的伟大原则"。

向未知的事物"进军"

打开一切科学的钥匙都毫无异议是问号，我们大部分的伟大发现都应归功于"如何"，而生活的智慧大概就在于逢事都问个为什么。

——巴尔扎克

哈佛告诉学生：要追求真理就要永远向你未知的事物进军，真理往往就躲在未知事物的背后。

我们每个人都曾经历过童年，回忆自己的童年，你不难发现：快乐其实常伴儿童的生活左右。儿童为什么是快乐的至少是经常快乐的呢？

心理学家通过研究发现，原因主要有两个：其一，儿童的认知范围有限，许多使成年人不快活甚至愁绪满怀的事情，他们还不懂，自然也就不会有不快与痛苦的感受。其二，儿童的好奇心强烈，许多在成年人看来兴味索然的事情，儿童却乐此不疲。你追我跑、躲躲藏藏，在他们看来新奇多变，有着无穷的乐趣，足够玩上半天。简单的情节、重复的故事，在他们听来却异常生动有趣，可以不厌其烦地一听再听。一条新买来的热带鱼、一只刚出生的小猫或是一尾小蝌蚪，都会使他们的生活增添许多的乐趣，使他们流连忘返。一切未知事物在儿童好奇心的调色盘下，都充满了神奇瑰丽的色彩，绽放朵朵鲜艳的快乐之花。

寻找并热爱未知事物，这是使人通往快乐的一条捷径。从儿童身上，我们可以受到这样的启迪。

世界上一切事物都是已知的，世界上又有许多事物是我们未知的。正是这种未知与已知的结合，造就了人生智慧的泉源。

如果未知不能转向可知，求知就不会与智慧结缘；如果已知不是来自未知，已知的事物也很难通向真理。

比尔·盖茨于1973年考进了哈佛大学。在哈佛的时候，盖茨为第一台微型计算机开发了BASIC编程语言的一个版本。在大学3年级时，盖茨离开了哈佛并把全部精力投入到微软公司中，后来成为微软公司的创始人。

比尔·盖茨出生于一个书香气息十分浓郁的家庭，他从小就喜欢读书。比尔·盖茨对计算机好奇是始于中学的时候。有一天，数学教师兴高采烈地走进教室，对同学们说："从今天起，我们学习计算机！"盖茨高兴极了。以往他只在书上看过计算机3个字，还有关于计算机的草图，现在就要学习操作计算机了，他太兴奋了。老师向同学们解释说："你们别看这台机器外表看起来很蠢笨，他可比我们人脑聪明多了。"计算机真的有这么厉害吗？比尔·盖茨对此非常好奇。当他在老师的指导下对计算机输入了一个极其复杂的数学式以后，计算机马上显示了正确的运算结果。"太神奇了！"比尔·盖茨惊叫。正是对计算机的好奇心，引领着比尔·盖茨最后在计算机领域取得了杰出成绩。

对于学生来说，你每天的学习便是生活的主轴。但你踏入社会后，如果你是个工人，每天的劳动（包括脑力的、体力的）便是你生活的重心；如果你是个艺术工作者，每天的创作则是你生活的主旋律。很多未知的事物引领你不断获得新发现。作为一名科学工作者，你也就在不断地接近真理。

复杂的事物通常隐藏着无穷的未知成分，一般不会让人感到枯燥乏味。简单的事物比较容易把握其规律，相对地也较容易从中获得满足。

工作的最高境界是不断创造、时时创新。创造意味着艰苦的同时又是伟大的。创造就是对未知的认识和对已知的改造。

拒绝虚荣心的入侵

> 爱好虚荣的人，用一件富丽的外衣遮掩着一件丑陋的内衣。
>
> ——莎士比亚

哈佛告诉学生：要追求真理，要不断进步，就要拒绝虚荣的入侵。虚荣是一种肤浅，卖弄是一种无知！

赵昆相当聪颖、活泼，常常获得长辈们的夸奖，她也一直以自己为荣。儿时的赵昆就养成了虚荣、好卖弄的习惯。

只要有机会，她就会争抢着去炫耀、去卖弄。

直到有一次，当她听录音时，突然听到其中一个尖锐而突出的声音，简直是在狼嚎。听了几遍后她才发现，那是自己的声音！赵昆开始反思自己，她想："从小到大，我一直没有挣脱过对虚荣的追逐，别人一夸奖自己就沾沾自喜，可什么时候静下来审视过自己呢？"

她终于明白了，一切的不快乐、不满足，皆因自己的虚荣而起。一个人能摒弃虚荣心，就是拥有平常心的开始。直至后来赵昆成了名副其实的名人，她也始终没有忘记这句话。她说："正是这句话，让我为自己的心找到了一个正确的方向！"生活中的自我太多，有机会就迫不及待地想跳出来，其实都是卖弄。

你随时要摒弃虚荣，因为虚荣是一种肤浅，它会阻碍你的进步。也不可卖弄，因为卖弄是一种无知！一个人如果总是标榜自己，总是对他人摆出一副导师的派头，那就未免太庸俗了。更有甚者，是为了表现自己的"为师之道"，常常会寻找他人的"失误"，并且利用他人的"失误"而表现自己的"师道"，拿他人的失误做文章，甚至不惜夸大这种失误的成分或后果，这其实是在哗众取宠。你应该明白，你的那些自得的为师之道，也许会成为他人嘲笑的话柄，也许会成为他人讨厌你的原因。

如果你的眼中只有自己最高，那你就不会再有上进的欲望。

虚荣心会将你带入无知的深渊。你如果只是追求名誉、地位，看重他人对你的看法，那你就会在无意中将真实和真理拒于千里之外。追求虚荣是一种低级心态，是与追求真理相悖的一种肤浅意识。

爱是终生受用的财富

——千万别放弃爱的权利

爱心可以丰富人生

> 人生是花，而爱就是花的蜜。
>
> ——雨果

　　哈佛告诉学生：爱心能使人生更有意义。爱的反面不是恨，而是漠然。一个人如果失去了爱的能力，他的人生也会异常黯淡。

　　一座城市来了一个杂技团。4个12岁以下的孩子穿着干净的衣裳，手牵着手排队在父母的身后，等候买票。他们不停地谈论着上演的节目，好像他们就要骑上大象在舞台上表演似的。

　　终于轮到他们了，售票员问要多少张票，父亲神气地回答："请给我4张小孩的2张大人的。"

　　售票员报了价格。

　　母亲的心颤了一下，别过头把脸垂了下来。父亲咬了咬唇，又问："你刚才说的是多少钱？"

售票员又报了一次价。

父亲眼里透着痛楚的目光。他实在不忍心告诉身旁兴致勃勃的孩子们："我们的钱不够！"

一位排队买票的男士目睹了这一切。他悄悄地把手伸进口袋，把一张20元的钞票拿出来，让它掉到地上。然后，他蹲下去，捡起钞票，拍拍那个父亲的肩膀说："喂！先生，你掉了钱。"

父亲回过头，他明白了原因。他眼眶一热，紧紧地握住男士的手："谢谢，先生。这对我和我的家庭意义重大。"

有时候，一个发自仁慈与爱的小小善行，就会铸就大爱的人生舞台。充满爱心的人往往能比别人享受更大的幸福，因为他们有 3 个幸福来源：自己的幸福，别人的快乐，还有自己对别人的付出。

父母的爱是伟大的

没有无私的自我牺牲的母爱的帮助，孩子的心灵将是一片荒漠。

——狄更斯

哈佛告诉学生：父母的爱是世间最伟大的爱，因为它从来不要求回报。要珍惜父母给予我们的爱，并时刻准备着用孝心去回报。

有一对夫妇是登山运动员，为庆祝他们的儿子 1 周岁的生日，他们决定背着儿子登上 7000 米的雪山。夫妇俩很快轻松地登上了 5000 米的高度。然而，就在他们稍事休息准备向新的高度进发之时，风云突起，一时间狂风大作，雪花飞卷。气温陡降至零下 34℃。由于风势太大，能见度不足 1 米，或上或下都意味着危险或死亡。两人无奈，情急之中找到一个山洞，只好进洞暂时躲避风雪。

气温继续下降，妻子怀中的孩子被冻得嘴唇发紫，最主要的是他要吃奶。要知道在如此低温的环境下，任何一点裸露的肌肤都会导致体温迅速降低，时间一长就会有生命危险。怎么办？孩子的哭声越来越弱，他很快就会因为缺少食物而被冻饿而死。丈夫制止了妻子几次要喂奶的要求。他不能眼睁睁地看着妻子被冻死。然而，如果不给孩子喂奶，孩子就会很快死去。妻子哀求丈夫："就喂一次。"丈夫把妻子和儿子揽在怀中。喂过一次奶的妻子体温下降了两度。她的体能受到了严重的损耗。时间在一分一秒地流逝，孩子需要一次又一次地喂奶，妻子的体温在一次又一次地下降。

3天后，当救援人员赶到时，丈夫已冻昏在妻子的身旁。而他的妻子，即那位伟大的母亲已被冻成一尊雕塑，她依然保持着喂奶的姿势屹立不倒。她的儿子，她用生命哺育的孩子正在丈夫的怀里安然地睡眠，他脸色红润，神态安详。

为了纪念这位伟大的母亲，丈夫决定将妻子最后的姿势铸成铜像，让她的爱永远流传。

父母为了自己的孩子可以不顾及自己的生命，这种爱中不掺杂一丝利害打算。我们应该向父母的伟大而无私的爱顶礼膜拜。在我们的心头，应该永远牢记他们的恩情，用一颗赤诚的孝心去回报他们。

爱可以创造奇迹

> 爱之花盛开的地方，生命之花便能欣欣向荣。
>
> ——凡·高

哈佛告诉学生：爱可以激发隐藏的潜能，爱的力量是伟大的，我们身边的父母之爱尤其伟大。不要忽视了你身边爱的存在，要让爱之花盛开。

有一少妇在回家的路上，马上要到家时，习惯地看一下 4 楼自家的阳台。可爱的儿子正在阳台上期待着妈妈回来。

当看到妈妈时，儿子开始招手，这时少妇也有意地招手，突然少妇意识到这样可能会有危险，但已经晚了。儿子由于要迎接妈妈，身体前倾，突然失去平衡，从阳台上掉了下来。

这时房间里的人惊呆了，纷纷跑到阳台上呼叫。

再看这位妈妈，当发现儿子掉下来时，就奋不顾身地去救儿子，也许是感动了上帝，儿子被妈妈接住了，并且安然无恙。

人们都觉得很奇怪，一个少妇怎么跑得那样快，并能接住自己的儿子？因为按少妇当时跑的速度，应该已打破了百米世界纪录。

后来人们找百米世界冠军做了一个试验：同样的距离，从阳台上掉下同样重量的物体，看能否接得住。结果是，无论如何也接不住。再让这位少妇试，结果也再没有看到打破百米世界纪录的速度。

最后人们总结为：爱的力量是伟大的。

我们每个人的身上都有着超乎寻常的潜能，这种潜能在平时深深地隐藏在体内。但当危急情况出现时，我们的潜能被触发了，从而爆发出巨大的力量，而爱就是这种潜能中的一种。爱的力量非常巨大，它绝对可以创造奇迹。

善行是心灵最好的医药

> 生活的目标是善良。这是我们的灵魂所固有的一种感情。
>
> ——列夫·托尔斯泰

哈佛告诉学生：行善是一种美德。善行既可以帮助身处困境中的人，又可以使自己的心灵得到安慰，使自己的修养得到提升。行善是一种维护人性的需要，是一种理智的投资。

在英国林肯郡的恰耶社区，生活着4名流浪汉，他们持有行乞证，并在这个社区生活了13年。但在1998年11月6日，林肯郡政府却通过了一项法案，对行乞10年以上的乞丐停发行乞证，理由是他们已非常富裕，不再具有行乞资格。没办法，4名流浪汉只好离开林肯郡前往伦敦。

当恰耶社区的萨姆神父闻知此事后，立即表示反对，并致信政府，要求把4位乞丐重新召回。他说，社区里不能没有乞丐，政府的这种做法，完全是对善良人的亵渎，是对人性的漠然和不尊重。该法案必须进行修改。

起初，大家都以为萨姆神父是出于对弱者的同情，因为在上帝眼里，人是无贵贱之分的，无论是富人还是乞丐都是上帝的子民。可当报社就此事采访萨姆神父时，发现根本不是这么回事。

萨姆神父是这样说的：40年来，我曾在恰耶等6个社区担任神父，这6个社区的人口和富裕程度都差不多，可是其中有一个社区找我解决心灵问题的人最少，来教堂忏悔的人也不如其他社区多。为什么会出现这种情况呢？难道是这儿的人不够虔诚吗？有一段时间，我非常困惑。后来我发现，原来这个社区有一家孤儿收养中心，那儿有5名孤儿，正是这5名孤儿给他们带来了福音，因为孤儿唤起了他们的善行，孤儿使他们有了行善的地方。而经常行善的人，心灵是不会出现问题的，再说心灵出现问题的人去行善，心灵也会得到慰藉。恰耶社区的4名流浪汉，也是社区的福音。现在把他们赶走了，社区的人想通过布施获得心灵安慰和满足的机会也就没有了，作为一名神父，我能接受这样的法案吗？

萨姆神父的这段话，后来被刊登在报纸上，引发了一场抗议州政府《11·6法案》的大游行。2000年1月4日，《11·6法案》被取消，4名恰耶社区的流浪汉，被警察护送着从伦敦返回林肯郡。

在迎接4名流浪汉归来时，恰耶社区的人全部出动，他们举着标语，喊着口号，欢呼他们的胜利。其中有这样两幅标语："花时间去帮助别人，会医治自己的创伤"，"一个小小的善举，可媲美于运动1小时后所得的舒畅"……

行善不仅仅是帮助别人，同时也是帮助自己。许多哈佛毕业的学生后来成了百万富翁后，一直没有忘记行善，他们把行善作为实现人生价值的重要内容。行善有助于一个人保持良好的心态。请记住哈佛教给你的人生哲学：善行是心灵最好的医药。

富有同情心

"讽刺"和"怜悯"是一对善良的忠告者。前者含着微笑使人生可爱，而后者噙着泪水使人生神圣。

——法朗士

哈佛告诉学生：帮助他人就是帮助自己，要时刻保持一颗同情心。我们不能对身处困境的人熟视无睹，那种丧失了同情心的人会把自己推进冷漠的世界。

从前，有一位百万富翁整天向别人吹嘘自己是如何如何具有同情心。这天一位十分贫穷的农夫来到富翁家中，向他讲述自己的贫穷以及人生遭遇的凄惨，他讲得是那么真切生动，这位百万富翁感到从来没有这么被感动过。他眼泪汪汪地对自己的佣人说："哦！汤姆，赶快把这个家伙赶出去，他讲的故事实在太凄惨了，我的心都快碎了！"

富翁整天向别人吹嘘自己的同情心，然而当他真正面对凄惨的农夫时，虚伪的本质就暴露无遗了。因为，他的行动与他的言辞恰恰相反，正体现出了他为富不仁的一面。

人生不可能一帆风顺，有时遭受的甚至是毁灭性的打击，在这种时候没有人会拒绝别人善意的帮助。"君子不乘人之危"是说正义的人不要在这个时候再给他人伤口上撒一把盐，把别人置于死地。我们主张"君子好乘人之危"是指在别人处于危难之时，君子能够挺身而出，伸出援助之手。电影或小说中经常有一些这样的片段：两个本是对手的人，其中一方落难后得到另一方的救助，而后两人成了亲密的朋友。敌人之间尚且如此，更何况大多数人是我们的朋友，因此，保持一颗同情心至关重要。

俗话说"投之以桃，报之以李"，今天你帮助他人，给予他人方便，他可能不会马上报答，但他会记住你的好处，也许会在你不如意时给你以回报。退一步来说，你帮助别人，他即使不会报答你的厚爱，但可以肯定的是，他至少日后不会做出对你不利的事情。如果大家都不做不利于你的事情，这不也是一种极大的帮助吗？

付出是一种享受

> 我们能尽情享受的快乐是给予的快乐。
>
> ——彼布拿克

哈佛告诉学生：人生最大的幸福和快乐不是获得，而是给予和付出。付出是人生的一种享受，学会付出是人类光辉灿烂的体现，同时也是一种处世智慧和快乐之道。

有个人在沙漠中穿行，遇到风沙暴，迷失了方向。

两天后，烈火般的干渴几乎摧毁了他生存的意志。沙漠就像一座极大的火炉要蒸干他的血液。绝望中的他却意外地发现了一幢废弃的小屋，他拼足了最后的气力，才拖着疲惫不堪的身子，爬进堆满枯木的小屋。定睛一看，枯木中隐藏着一架抽水机，他立刻兴奋起来，拨开枯木，上前汲水，但折腾了好大一阵子，也没能抽出半滴水来。

绝望再一次袭上心头，他颓然坐地，却看见抽水机旁有个小瓶子，瓶口用软木塞堵着，瓶上贴了一张泛黄的纸条，上边写着：你必须用水灌入抽水机才能引水！不要忘了，在你离开前，请再将瓶子里的水装满！

他拔开瓶塞，望着满瓶救命的水，早已干渴的内心立刻爆发了一场生死决战：我只要将瓶里的水喝掉，虽然能不能活着走出沙漠还很难说，但起码能活着走出这间屋子！倘若把瓶中唯一救命的水倒入抽水机内，或许能得到更多的水，但万一汲不上水，我恐怕连这间小屋也走不出去了……

最后，他把整瓶水全部灌入那架破旧不堪的抽水机，接着用颤抖的双手开始汲水……水真的涌了出来！他痛痛快快地喝了一顿，然后把瓶子装满，用软木塞封好，又在那泛黄的纸条后面写上：相信我，真的有用。

几天后，他终于穿过沙漠，来到绿洲。每当回忆起这段生死历程，他总要告诫后人：在取得之前，要先学会付出。

在人生中，在通往成功和富足的路上，我们往往并不是缺少获得扶持的机遇，而是无法好好把握。正如上边那个故事中的人，如果喝光了瓶中的水，他永远也看不到抽水机里奔涌出来的水，究竟黄纸条上说的是真还是假，恐怕他到死也无法断定。

这个道理听来或许很是稀松平常，但真要"学会付出"，恐怕也不是每个人都能做到的。让高尚的品德和人生的智慧迸射出来吧，"先学会付出"，让成功从这里开始！

用爱温暖人心

> 爱可以化敌为友，爱可以使恨消融。爱让你充满快乐，爱让你激情满怀。
>
> ——安娜·霍恩

哈佛告诉学生：奉献一点爱心，去爱身边的人，是每个人都容易做到的事。一句话、一个微笑、一束鲜花就足够了，这时你并没有损失什么，但却给别人带来温暖，同时也会美丽自己的人生。

1936 年的柏林，希特勒对 12 万观众宣布奥运会开始。他要借世人瞩目的奥运会，证明雅利安人种的优越。

当时田径赛的最佳选手是美国的杰西·欧文斯。但德国有一位跳远项目的王牌选手鲁兹·朗，希特勒要他击败杰西·欧文斯——黑人杰西·欧文斯，以证明他的种族优越论——种族决定优劣。

在纳粹的报纸一致叫嚣把黑人逐出奥运会的声浪下，杰西·欧文斯参加了 4 个项目的角逐：100 米、200 米、4×100 米接力和跳远。跳远是他的第 1 项比赛。

希特勒亲临观战。鲁兹·朗顺利进入决赛。轮到杰西·欧文斯上场，他只要跳得不比他最好成绩少过半米就可进入决赛。第一次，他逾越跳板犯规，第二次他为了保险起见从跳板后起跳，结果跳出了从未有过的坏成绩。

他一再试跑，迟疑，不敢开始最后的一跃。希特勒起身离场。

在希特勒退场的同时，一位瘦削，有着湛蓝眼睛的雅利安德国运动员走近欧文斯，他用生硬的英语介绍自己。其实鲁兹·朗不用自我介绍，也没人认识他。

鲁兹·朗结结巴巴的英文和露齿的笑容松弛了杰西·欧文斯全身紧绷的神经，鲁兹·朗告诉杰西·欧文斯，最重要的是取得决赛的资格，他说他去年也曾遭遇同样情形，用了一个小诀窍解决了困难。果然是个小诀窍，他取下杰西·欧文斯的毛巾放在起跳板后数厘米处，从那个地方起跳就不会偏失太多了。杰西·欧文斯照做，几乎破了奥运纪录。几天后决赛，鲁兹·朗破了世界纪录，但随后杰西·欧文斯以微小优势胜了他。

贵宾席上的希特勒脸色铁青，看台上情绪昂扬的观众倏忽沉静。场中，鲁兹·朗跑到杰西·欧文斯站的地方，把他拉到聚集了 12 万德国人的看台前，举起他的手高声喊道："杰西·欧文斯！杰西·欧文斯！杰西·欧文斯！"看台上经过一阵难挨的沉默后，忽然齐声爆发："杰西·欧文斯！杰

西·欧文斯！杰西·欧文斯！"杰西·欧文斯举起一只手来答谢。

等观众安静下来后，他举起鲁兹·朗的手朝向天空，声嘶力竭地道："鲁兹·朗！鲁兹·朗！鲁兹·朗！"全场观众也同声响应："鲁兹·朗！鲁兹·朗！鲁兹·朗！"没有诡谲的政治，没有人种的优劣，没有金牌的得失，选手和观众都沉浸在君子之争的感动里。

杰西·欧文斯创造的 8.06 米的纪录保持了 24 年。他在那次奥运会上荣获 4 枚金牌，被誉为世界上最伟大的运动员之一。

多年后杰西·欧文斯回忆说，是鲁兹·朗帮助他赢得 4 枚金牌，而且使他了解，单纯而充满关怀的人类之爱，是真正永不磨灭的运动员精神，世界纪录终有一天会被打破，而这种运动员精神却永不磨灭。

生活中，缺少的就是对爱的注意与感动。许多人总渴望着别人理解自己、关心自己，却忽视了对别人的理解与关心。有一次学校组织义务献血，小王作为其中的一员，上午献完血后就回家休息了。到了晚上，接到校领导和老师打来的电话。虽是几句短短的问候，却让他感到眼睛一阵发热，一直对领导和老师敬畏的他，刹那间心中充满了无限感激，也就在那时，小王真切体会到了领导和老师的关心和爱护。

生活需要好好对待，与人相处更应多份真诚与体贴，珍惜别人给予的关心，接受每一次感动，同时捧出自己的热情与爱心。正如一杯手中的茶，今天温暖了我们，明天，我们要学着捧出几杯茶，去温暖别人……

放低姿态是一种智慧

——不要把自己看得太高

不要好为人师

> 当你企图去纠正别人时，应首先想想是不是自己更应该纠正。
>
> ——威尔逊

哈佛告诉学生：与其"好为人师"招惹麻烦，不如去"拜人为师"求使自己成长；这并不是自私，而是智慧，只有擅长淘别人的金才能不断充实自己。多向他人学习，不要随便指点、纠正别人。

孔子说："三人行，必有吾师。"这句话非常实在，因为人各有所长，智慧也各有高低，因此人应在人群中寻找可以启发自己智慧的人。对自身成长而言，孔子的这句话是相当有价值的。在人际交往里，孔子的这句话一样适用，也就是说，在人群中，你以别人为师，除了可促使自己成长之外，也可以满足对方的优越感及虚荣心。很多老师一教就是一辈子，多多少少也与这种被满足的心理有关。

不过，在社会中，"好为人师"却不是件好事。在这里的"好为人师"指的不是"喜欢当老师"，而是喜欢指点、纠正别人。有一种人，喜欢在工作上指正别人的错误，并"贡献"自己的意见。这种人自以为是，他认为别人观念一定有问题，只有他的才是对的。

两只从出生就生活在笼子里的鹦鹉，每天隔着铁栅栏，用可怜的眼光打量那些从眼前飞来飞去的麻雀，它们以为眼前的栅栏，是围那些飞来飞去的麻雀而不是围自己的。

有一天，两只鹦鹉再也忍不住了，其中1只说："我说，伙计，那些被栅栏隔离的麻雀们是多么可怜。"

"是呀，它们生活在与世隔离的世界里，被栅栏围着，这简直是对生命的摧残。"另一只鹦鹉附和道。

"我说，伙计，我们得帮帮麻雀们。"

"是呀，得帮帮它们。"

"可怎么帮呢？隔着栅栏，我们无法靠近它们。"

"是呀，怎么帮呢？"

两只鹦鹉争来议去，想不出任何拯救麻雀的办法。争论声引来了一只麻雀。麻雀用好奇的目光打量笼子里这两只鹦鹉，问："可怜的鸟呀，你们有什么要求吗？"

"这话该我问你们麻雀呢！你们长期关在铁栅栏内，一点不觉得闷吗？你们麻雀为什么不想办法打碎栅栏，像我们一样生活呢？"鹦鹉百思不得其解，还加着一点愤愤不平。

"不知你们是真不懂还是在装神弄鬼。"麻雀说完，自由自在飞去了。

每个人都有自我，掌握着对自己心灵的自主权，并经由外在的行为来检验自我坚固的程度。你若不了解此点而去揭露他的错误，他会明显地感受到他的自我受到你的侵犯，有可能不但不接受你的好意，反而还采取不友善的态度。尤其是工作，你的热心根本就是在否定他的智慧，甚至他还会认为你是在和他抢功，总之，他是不会领情的。

人都有排他性，也有"虽然知道不对也要做下去"的自我毁灭的意识，这是他个人的选择。

因此与其"好为人师"招惹麻烦，不如去"拜人为师"求自己成长。

自负的人很难进步

> 我认为，蠢材的特征是高傲，庸才的特征是卑鄙，真正品学兼优的人的特征是情操高尚而态度谦虚。
>
> ——苏沃洛夫

哈佛告诉学生：生活中一个无法回避的事实是，每一个人的能耐总是十分有限，没有一个人样样精通，所以，人人都可在某些方面成为我们的老师。当自以为拥有一些才艺时，你要记住，你还十分欠缺，而且会永远欠缺。不然，失败就离你不远了。

自大往往不是空穴来风，自大的人总有一些突出的特点。这些突出的特长，使他们较之别人有一种优越感。这种优越感达到一定程度，便使人目空一切，飘飘然不知天高地厚。

曾国藩和左宗棠都是清朝的大臣，朝野一般多以"曾左"并称他们两人。曾国藩年长于左宗棠，并且对左宗棠予以提拔，但左宗棠为人颇为自大，从不把曾国藩放在眼里。

有一次，他很不满地问其身旁的侍从："为何人们都称'曾左'，而不称'左曾'？"

一位侍从回答："曾公眼中常有左公，而左公眼中则无曾公。"这句话让左宗棠沉思良久。

聪明的人知道自己愚笨，而愚笨的人总以为自己聪明，可以说，愚蠢和傲慢是一棵树上的两个果。聪明人能自己从树上摘掉这两枚恶果。

左宗棠喜欢下棋，而且棋艺高超，少有敌手。有一次，他微服出巡，在街上看到一个老人摆棋阵，并且在招牌上写着"天下第一棋手"。左宗棠觉得老人太过狂妄，立刻前去挑战。没有想到老人不堪一击，连连败北。左宗棠洋洋得意，命他把那块招牌拆了，不要再丢人了。

当左宗棠新疆平乱回来，见老人居然还把牌子悬在那里，他很不高兴，又跑去和老人下棋，但是这次竟然三战三败，被打得落花流水。第二天再去，仍然惨遭败北，他很惊讶老人为何在这么短的时间内，棋艺能进步如此地快？

老人笑着回答："你虽然微服出巡，但我一看就知道你是左公，而且即将出征，所以让你赢，好使你有信心立大功。如今你已凯旋，我就不再客气了。"

左宗棠听了心服口服。

左宗棠曾有自大的缺点，但他知错能改，成为谦谦君子。一个人不知道并不可怕，因为人不可能什么都知道，但可怕的是不知道却假装知道。这样的人永远不会进步，就像老爱欣赏自己脚印的人，只会在原地绕圈子。培根为我们留下这样的名言："一个人吹捧自己得越少，我们就越认为他伟大。"作为一个人，永远要昂着头做人，低着头做事，这是人生的大智慧。

放下架子

> 不炫耀自己本领的人才是真有本领。
>
> ——拉罗什富科

哈佛告诉学生：不要因为自己是一名大学生就觉得了不起，应该把自己看作是一个普通人，与所有人都站在一个起跑线上。生活中最不值钱的就是"架子"。

有一位博士毕业后去找工作，结果好多家公司都不录用他，思来想去，他决定收起所有的学位证明，以一种"最低身份"去求职。

不久，他被一家公司录用为程序输入员。这对他来说简直是"高射炮打蚊子"，但他仍干得一丝不苟。不久，老板发现他能看出程序中的错误，非一般的程序输入员可比。这时他才亮出自己的学士证书。老板给他换了个与大学毕业生相配的岗位。

过了一段时间，老板发现他时常能提出许多独到而有价值的建议，远比一般的大学生要高明，这时，他又亮出了硕士证书，老板很快又提升了他。

再过了一段时间，老板觉得他还是与别人不一样，就对他"质询"，他才拿出了博士证书。此时老板对他的水平已有了全面的认识，毫不犹豫地重用了他。

以退为进，由低到高，这也是一种自我表现的艺术。

人不怕被别人看低，怕的恰恰是自己把自己看低了。在必要的时候，可以暂时藏起"高"来，退一步比进一步更重要，因为你可以重新找到一条生活的出路。

老子曾经告诫世人："不自见，故明；不自是，故彰；不自伐，故有功；不自矜，故长。"这句话的大意是，一个人不自我表现，反而显得与众不同；一个不自以为是的人会超出众人；一个不自夸的人会赢得成功；一个不自负的人会不断进步。

做事需要放下架子。放下架子的人比放不下架子的人更高贵。

不要看低任何人

> 谦逊基于力量，高傲基于无能。
>
> ——尼采

哈佛告诉学生：不要轻视你身边的任何一个人，每个人都可能会成为你的幸运之星。很多人就是因为轻视别人，而错失了不少机会。

一个人满头大汗地在田地里工作，太阳烤得他头晕眼花，他对着天空大声喊："谁来都帮我啊？我不该永远过这种苦日子，这不公平！"过了一会儿他看到了一个衣着破旧的老妇人朝他走来："小伙子，有什么可以帮忙的吗？"这个人打量了老妇人一会儿，轻蔑地说："走开吧！别打扰我！你能帮我什么忙？"老妇人黯然走开了。一只小鸟飞了过来，对这个人骂道："你真傻，你赶走了幸运女神，跟她在一起你没准会刨到金子什么的，可你竟然赶走了她！"

很多人都捶胸顿足地痛悔自己错失了良机，其实是他们自己把机遇从身边推走的，出现这种错误的原因通常很简单，比如轻视了某个人。

哈佛大学的校长会客室里来了一对夫妇，他们坚持要见校长，校长只好百忙之中抽出点时间来接待他们。这对夫妇告诉校长，他们的儿子曾在哈佛上学，而且他非常喜欢这所学校。现在他们的儿子突然去世了，他们希望能在哈佛里为儿子建一座纪念性建筑。听完了他们的话，校长用怀疑的目光打量着他们，这对夫妇衣着干净整洁，但却很简朴，看起来不像是有钱人，于是校长就用一种调侃的语气说："建纪念性建筑？哈佛大学是什么地方，寸土寸金呀！

看到窗外的草坪了吗？那是从德国进口的，1片就要几万美金，再看看那些大楼，1栋就要几百万甚至上千万呀！你们拿什么来做这些呢？"这对夫妇惊讶地看着校长，然后妻子对丈夫说："听到了吗？亲爱的，建1座楼只要几百万美金，那我们为什么不给儿子建1座纪念大学呢？"1年后，1所新的大学建立起来了。那就是著名的斯坦福大学，这所大学是用那对夫妇儿子的名字命名的。

哈佛大学的校长一定没想到，他拒绝的是怎样一个提议，他错失的是怎样一个机会，如果不是他先入为主的偏见，这对夫妇本来可以成为哈佛的有力捐助人，但他的一念之差，却使哈佛多了一个有力的竞争对手。生活中，很多人也常犯类似的错误，由于轻视别人，而错过了很多机会。

人生路上，我们会碰到各种各样的人，每个人都有自己的独特之处，你并不知道什么人会对你有所帮助，什么人能影响你的命运。所以我们只有选择一视同仁，这样我们才不致错过任何机会，才能更快地走向成功。古希腊哲学家亚里士多德说："对上级谦恭是本分，对平辈谦逊是和善，对下级谦逊是高贵，对所有的人谦逊是安全。"谦恭地做人，对你有百益无一害。

低姿态可以保全自己

> 谦和的态度，常会使别人难以拒绝你的要求，这也是一个人无往不胜的要诀。
>
> ——松下幸之助

哈佛告诉学生：放低姿态做人是一种大智慧。低姿态往往可以保全自己不受恶人的嫉妒和伤害。

森林里，大象不断地被人类猎杀，但人类并没有运走大象庞大的身躯。而是仅仅锯走了象牙。

大象们为了生存，终日东躲西藏，时时提高警惕，但还是难逃厄运，它们一只接一只地倒在了人类的枪口下。但奇怪的是，有1头公象却从未受到人类的威胁，它从容地到处转悠，有时还能到人类居住的村庄附近吃玉米，而且人类见了它，甚至还和它打招呼，表现得很友善。

其他大象对此极为不解。

"你有什么秘密吗？人类为什么从不伤害你，却总是把枪口对准我们呢？"大象族长问它道。

"你看我与你们有什么不同吗？"这只公象问族长和其他同类。

"你……你……的牙？"大象族长惊讶得说不出话来。

"是的，我没有牙齿。从很早以前起，我每天做的第一件事就是磨自己的牙，而正是因为没有牙齿，人类枪杀我就没有任何价值，所以我能从容、平安地生活着。"

收敛锋芒，掩饰自己的优点。别人才不会防你，攻击你，而愿意和善地与你相处，就像文中的那头公象一样，磨掉了自己的长牙，就能在猎人的枪口下平安地生活。

有些人锋芒毕露，以为这样就可以得到别人的赞许和羡慕。殊不知，太露锋芒也会招来很多小人的迫害。

第五课

找到自己的
人生坐标

垃圾是放错了位置的财宝。对哈佛大学来说，重要的不是培养出了 6 位总统和 30 多位诺贝尔奖获得者，而是让进哈佛的每一颗金子都发光。

——[哈佛大学第 23 任校长] 科南特

初涉世事的年轻人，往往个性张扬，率意而为，不会委曲求全，结果可能是处处碰壁。而涉世渐深后，就知道轻重，分清了主次，学会了内敛，少出风头，不争闲气，专心做事。

——[哈佛大学教授] 马克·克莱默

梦想是成功的翅膀

——为人生确定方向

定位改变人生

> 如果一个人不知道他要驶向哪个码头，那么任何风都不会是顺风。
>
> ——小塞涅卡

哈佛告诉学生：你给自己什么样的定位，决定了你一生成就的大小。志在顶峰的人不会落在平地，甘心做奴隶的人永远也不会成为主人。

有一天，上帝创造了 3 个人。

他问第一个人："到了人世间，你准备怎样度过自己的一生？"第一个人回答说："我要充分利用生命去创造。"

上帝又问第二个人："到了人世间，你准备怎样度过自己的一生？"第二个人回答说："我要充分利用生命去享受。"

上帝又问第三个人："到了人世间，你准备怎样度过自己的一生？"第三个人回答说："我既要创造人生，又要享受人生。"

第一个人来到人世间，表现出了不平常的奉献精神和拯救精神。他为许许多多的人做出了许许多多的贡献。对自己帮助过的人，他从无所求。他为真理而奋斗，屡遭误解却毫无怨言。慢慢地，他成了德高望重的人，他的善行被广为传颂，被人们默默敬仰。他离开人间，人们从四面八方赶来为他送行。直至若干年后，他还一直被人们深深地怀念着。

第二个人来到人世间，表现出了不平常的占有欲和破坏欲。为了达到目的他不择手段，甚至无恶不作。慢慢地，他拥有了大数的财富，生活奢华，一掷千金，妻妾成群。他因作恶太多而得到了应有的惩罚。当正义之剑把他驱逐出人间的时候，他得到的是鄙视和唾骂，被人们深深地痛恨着。

第三个人来到人世间，没有任何不平常的表现。他建立了自己的家庭，过着忙碌而充实的生活。若干年后，没有人记得他的存在。

3个同样起点的人对相同问题的不同回答，显示了他们对人生的不同定位。最终，他们的人生定位决定了他们的命运。

所以说，你给自己定位什么，你就是什么，定位往往能决定你人生的高度。

保罗在从商以前，曾是一家酒店的服务生，替客人搬行李、擦车。有一天，一辆豪华的林肯轿车停在酒店门口，车主吩咐道："把车洗洗。"保罗那时刚刚中学毕业，从未见过这么漂亮的车子，不免有几分惊喜。他边洗边欣赏这辆车，擦完后，忍不住拉开车门，想上去享受一番。这时，正巧领班走了出来，"你在干什么？"领班训斥道，"你不知道自己的身份和地位？你这种人一辈子也不配坐林肯！"

受辱的保罗从此发誓："这一辈子我不但要坐上林肯还要拥有自己的林肯！"这成了他人生的奋斗目标，许多年以后，当他事业有成时，果然买了一部林肯轿车。如果保罗也像领班一样认定自己的命运，那么，也许今天他还在替人擦车、搬行李，最多做一个领班。

一个人怎样给自己定位，将决定其一生成就的大小。志在顶峰的人不会落在平地，甘心做奴隶的人永远也不会成为主人。

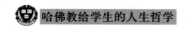

分大目标为小步骤

> 向着某一天终于要达到的那个终极目标迈步还不够，还要把每一步都看作目标，使它作为步骤而起作用。
>
> ——歌德

哈佛告诉学生：大目标都是通过无数小目标的成功而铺垫、积累的，每一个杰出的人，都是通过取得许多小的成功，才逐步达到他们的最终目标的。

化大目标为小步骤，是实现目标最具效能的方法。我们先设立一个长远目标，然后在前进的路上再设立几个中期目标，每一个中期目标还可以划分为若干个小步骤。

居里夫人年轻的时候，家里非常贫困，根本没有钱读书，况且，失去国家主权的波兰当局也不允许女子读书。但是，她和她的姐姐却都向往着上大学，在国内不能上，就立志要到国外留学。

这个目标看起来是根本没有办法实现的。当时她家里的经济状况，连维持温饱都成了一个严峻的问题，怎么能有钱供姐妹俩出国留学呢？

然而，她们并没有就此放弃，而是将大目标分解为小步骤来实现。首先，她们一起努力打工，攒够姐姐一个人到国外的旅行费和第一个月的学费；然后，姐姐出国学习，妹妹继续打工，并给姐姐邮寄学费；等姐姐毕业了，姐姐打工，供妹妹上学。

就这样，居里夫人姐妹俩都完成了各自的学业。

我们不可能一下子达到很高的生存目标，可以让大目标以小目标的形式分步骤地完成，这样，当完成了几个小目标后，我们就会发现，我们已实现了一个中期目标。同样，当几个中期目标完成，我们会惊异地发现，自己已是一个成功者。然后，你再逐步培养、树立远大的目标，向远大的目标奋进。

假如你确立了一个把语文成绩提高到90分的目标，那么你就可以分步骤来实现这一目标。比如，你可以画一张成绩进展步骤图，在该图的最上面，写上 90 分，然后写上 80 分，并在最下面写上 70 分。在第一个步骤旁边，可以标上"按时上课，认真听讲"；在第二个步骤旁边，可以标上"课前认真预习，课后及时完成作业"；在第三个步骤旁边，可以标上"全力投入复习，力争实现所定目标"。

如果你第一步没有做好，也并不意味着需要废弃原定目标。只要把第一步所需做的学习任务补上来，依然可按照原定计划逐步前进。

还有重要的一点需要引起注意，那就是所确立的目标，应当是我们本人的长远目标，这个目标对自己来说，经过努力是可以实现的。

在实现目标的方法上，没有什么捷径可走。这是一个需要不断地勤奋努力和持之以恒的漫长过程。为此而付出的心血将得到巨大的回报，它不仅可以让自己成为一位成功者，重要的是它可以让自己自由地生存在这个美好的世界上。

梦想是成功的翅膀

> 梦想无论怎样模糊，总潜伏在我们心底，使我们的心境永远得不到宁静，直到这些梦想成为事实。
>
> ——林语堂

哈佛告诉学生：梦想是成功的翅膀。梦想决定着你努力和判断的方向。没有方向，就永远不会有美好的现实。

迈克尔是一个喜欢拉琴的年轻人，可是他刚到美国时，为了生计，只好到街头拉小提琴卖艺来赚钱。

非常幸运，迈克尔和一位认识的黑人琴手一起，抢到了一个最能赚钱的好地盘，即一家商业银行的门口。

过了一段时间，迈克尔赚到了不少卖艺的钱后，就和那位黑人琴手道别，因为他想进入大学进修，也想和琴艺高超的同学相互切磋。于是，迈克尔将全部的时间和精力投入到了提高音乐素养和琴艺中……

10年后，迈克尔有一次路过那家商业银行，发现昔日的老友——那位黑人琴手，仍在那"最赚钱的地盘"拉琴。

当那个黑人琴手看见迈克尔出现的时候，很高兴地问道："兄弟啊，你现在在哪里拉琴啊？"

迈克尔回答了一个很有名的音乐厅的名字，但那个黑人琴手反问道："那家音乐厅的门前也是个好地盘，也很赚钱吗？"

他哪里知道，10年后的迈克尔，已经是一位国际知名的音乐家，他经常应邀在著名的音乐厅中登台献艺，而不是在门口拉琴卖艺。

一个人有无成就，决定于他青年时期有无志气。志气的来源并不一定看他年少时是否真的有成就事业的气质，而在于他有没有成就大事业的志向和一颗相信自己永不退缩的心。

梦想在人生中的重要性超乎你的想象。很难想象一个没有梦想的人该如何把握自己的人生航向。生活就如在大海里航船，如果连自己想去哪里都不知道，那么他只能随风漂泊。

贫穷只因无梦想

> 贫穷本身并不可怕，可怕的是自己以为命中注定贫穷或一定老死于贫穷的思想。
>
> ——富兰克林

哈佛告诉学生：如果你出身贫寒，而且没有脱离贫困的强烈愿望，那你的一生就注定了与富足无缘。"多数人并不是因为贫穷而被奴役，而是因被奴役而贫穷。"

卡尔有7个兄弟姐妹，他父亲是路易斯安纳州黑人佃户。卡尔从5岁就开始工作，9岁时会赶骡子。这些一点也不稀奇，因为佃农的孩子大多在年幼时必须工作，他们对于贫穷十分认命。幸运的是，卡尔有一位了不起的母亲，她始终相信一家人应该过着快乐且衣食无忧的生活。她经常和儿子谈到自己的梦想。

"我们不应该这么穷，"她时常这么说，"不要说贫穷是上帝的旨意，那是因为爸爸从来不想追求富裕的生活。家中每一个人都胸无大志。"

母亲的话深深地植根在卡尔的心中。以致最终改变了他的一生。

卡尔一心向往跻身富人之列，于是开始追求财富。终于凭借辛苦的推销工作有了一些积蓄。12年后，他得知供货的公司即将被拍卖，底价是15万美元，就去同供货的公司商谈收购接手事宜。谈判的结果，他用积蓄的25000美元作为定金，并答应在10天内筹足余款125000美元。合约中还规定，若逾期未补齐余款，将没收定金。

卡尔努力地向朋友筹钱，但到了第10个晚上，他还差1万美元。

卡尔觉得自己已经想尽所有的办法。时间不早了，房里一片漆黑，卡尔跪下来祈祷，请求上帝指引。

让谁能在时限内借我1万美元？卡尔反复问自己。最后他决定开车沿着第61街走下去，看看有没有机会。

当时是深夜11点，卡尔沿着第61街往下走。过了几个路口，终于看到一家承包商的办公室里还有灯光。约翰走了进去，那位承包商正埋头办公，由于熬夜加班，已经疲惫不堪。

卡尔和他略有交情，他鼓起勇气："你想不想赚1000美元？"卡尔直截了当地问。

那位承包商回答："想，当然想。"

"借我1万美元，我会外加1000美元红利还给你。"卡尔告诉那位承包商，还有哪些人借钱给他，并且详细说明整个投资计划。凭着卡尔平日的信誉以及他周密而切实可行的发展计划，他顺利地借到了1万美元。

其后，他不但从接手的公司获得可观的利润。并且还陆续收购了7家公司，其中包括 4 家化妆品公司、1 家食品公司、1 家服装公司及 1 家报社。他因为有梦想而实现了由贫到富的质变。

哈佛教授给学生这样的经验："人不能坐等好运的降临；唯有目标现实可行并且身体力行，梦想才能变成现实。"很多人贫穷并不是因为别的，而是因为他们没有告别贫穷，走向富有的梦想。连想都不敢想的事情，更不要说去做了。不要只顾一面埋怨自己的贫穷，一面安于现状，而是要告诉自己：我想富有！这样才能真正地告别贫穷。

确信目标终究会实现

全神贯注于你所期望的事物上，必有收获。

——爱默生

哈佛告诉学生：我们应当坚信，只要朝着自己的目标不断向前，肯定会有好的结果。一个人除非对自己的目标有足够的信心，否则目标很难实现。

爱得卡在创业之初，全部家当只有 1 台拖拉机，价值 50 美元。第二次世界大战结束后，爱得卡做生意赚了点钱，便决定从事地皮生意。如果说这是爱得卡的成功目标，那么，这一目标的确定，就是基于他对自己的市场需求预测充满信心。

当时，在美国从事地皮生意的人并不多，因为战后人们一般都比较穷，买地皮修房子、建商店，盖厂房的人很少，地皮的价格也很低，当亲朋好友听说爱得卡要做地皮生意时，异口同声地反对。

而爱得卡却坚持己见，他认为反对他的人目光短浅。他认为虽然连年的战争使美国的经济很不景气，但美国是战胜国，它的经济会很快进入大发展时期，到那时买地皮的人一定会增多，地皮的价格会暴涨。

子是，爱得卡用手头的全部资金再加一部分贷款在市郊买下很大的一片荒地。这片土地由于地势沉洼，不适宜耕种，所以很少有人问津。可是爱得卡亲自观察了以后，还是决定买下了这片荒地。他的预测是，美国经济会很快繁荣，城市人口会日益增多，市区将会不断扩大，必然向郊区延伸，在不远的将来，这片土地一定会变成黄金地段。

后来的事实正如爱得卡所料。不出3年，城市人口剧增，市区迅速发展，大马路一直修到爱得卡买的土地的边上。这时，人们才发现，这片土地周围风景宜人，是人们夏日避暑的好地方，于是，这片土地价格倍增，许多商人竞相出高价购买，但爱得卡不为眼前的利益所惑，他还有更长远的打算。后来，爱得卡在自己这片土地上盖起了一座汽车旅馆，命名为"假日旅馆"。由于它的地理位置好，舒适方便，开业后，顾客盈门，生意非常兴隆。从此以后，爱得卡的生意越做越大，他的假日旅馆逐步遍及世界各地。

因为眼前的利益或众人的否定就轻易放弃自己的目标，那么，你的目标将永远无法实现。美国教育家卡耐基说："朝着一定目标走去是'志'，一鼓作气中途决不停止是'气'，两者合起来就是'志气'，一切事业的成败都取决于此。"

确定自己的职业目标

确定目标，即意味着为了达到目的必然要把自己逼进艰难困苦的境地中去；不能确定目标，则意味着他是没有这种勇气的人。

——德田虎雄

哈佛告诉学生：如果你认为你是在为别人工作，那你就永远只能为别人工作。如果你认为你是在为自己工作，那你终将会有自己的一番事业。

菲尔·强生的父亲开有一家洗衣店，并且让菲尔在店里工作，希望他将来能接管家族事务。

但菲尔厌恶洗衣店的工作，懒懒散散，无精打采，在父亲的强迫下勉强做一些工作，心思完全不放在店里。这使他的父亲非常苦恼和伤心，觉得自己养育了一个不求上进的儿子，而在员工面前深感丢脸。

有一天，菲尔告诉父亲自己想到一家机械厂工作，做一名普通工人。抛弃现有蓬勃兴旺的家族事业，出去打工，一切从头开始，父亲对他的想法完全无法理解，并且横加阻拦。

菲尔坚持自己的想法，穿上油腻的粗布工作服，开始了劳动强度大、时间长的工作。他不但不觉得辛苦，反而觉得十分快活，边工作边吹口哨。工作之余，他选修工程学课程，研究引擎，装配机械。1944年他逝世前，已经荣升为波音飞机公司的总裁——制造出了"空中飞行堡垒"轰炸机，为盟军赢得第二次世界大战的胜利立下汗马功劳。

兴趣对职业选择的重要性可能是你始料不及的。一开始影响你选择的往往是薪水高低等因素，但你慢慢会发现，如果长期干自己所不喜欢的工作，就会备感厌倦，你就会变成一个简单的赚钱机器。很多人都忽视了这样一个事实：工作本身也是生活的一部分，工作质量的高低决定了生活质量的高低，工作并不是毫无感情的，它对于人生的意义绝不在于满足衣食住行的需要，实际上，它更是你实现理想的途径，是使你生活得快乐幸福的隐形伴侣。

你的爱好是你选择职业的第一步，也是最后一步、决定性的一步。你不仅要问："我能为自己的工作做点什么？"而且要问："工作能给我带来什么？"做一份既胜任又喜欢的工作，才是人生真正的乐事。我们要坚守这样一个信念：最后抉择必须由自己做出，因为未来的工作和生活是快乐还是苦闷，全部由你自己来承担。

因此，不要贸然决定从事某一行业，除非它能给你带来快乐。当然，这并不意味着你可以完全不考虑他人的意见，一意孤行；也不意味着你应该立刻辞掉现有工作，放弃家庭。

每个人都是金子

——认清自己的优势所在

经营你的强项

> 伟大高贵人物最明显的标志，就是能充分发挥自己的长处。不管环境变化到何种地步，他能使自己的强项得到巧妙发挥，因而始终能克服障碍，达到所期望的目的。
>
> ——爱迪生

哈佛告诉学生：成功的关键不是克服缺点、弥补缺点，而是施展天赋、发扬长处。要想取得成就，就要擅长经营自己的强项。

一只小兔子被送进了动物学校，它最喜欢跑步课，并且总是第一；它最不喜欢的是游泳课，一上游泳课它就非常痛苦。但是兔爸爸和兔妈妈要求小兔子什么都学，不允许它有所放弃。

小兔子只好每天垂头丧气地到学校上学，老师问它是不是在为游泳太差而烦恼，小兔子点点头。老师说，其实这个问题很好解决，你跑步是强项，但是游泳是不足。这样好了，你以后不用上游泳课了，可以专心练习跑步。小兔子听了非常高兴，它专门训练跑步，结果成为跑步冠军。

小兔子根本不是学游泳的料，即使再刻苦，它也不会成为游泳能手；相反，它专门训练跑步，结果成为跑步冠军。

一个人的性格天生内向，不善于表达，你却要他去学习演讲，这不仅是勉为其难，而且还浪费了大量时间和精力。一个人天生有心脏病，你却要他去练习长跑，这不是要他的命吗？

自然界有一种补偿原则，当你在某方面很有优势时，肯定在另一个方面有不足。而当你在某个方面拥有缺点时，可能又在另一个方面拥有优点。如果你想要出类拔萃，就必须腾出时间和精力来把自己的强项磨砺得更加犀利。

世界上没有两片完全相同的树叶，每个人的天赋也是不同的。你也许在某个方面表现突出，而其他方面则可能有所欠缺。所以，你最好集中自己的智慧潜能优势，寻找一个与之相符合的发展方向，这样成功的机会才可能多起来。

也许你此生进不了名牌大学，但是这并不意味着你就一定比名牌大学出来的学生差。只要你愿意，善于经营自己的强项，你也一样会很优秀，甚至更好。拥有正确的心态，不要因为羡慕别人的风景而把自己的风景给耽误了。

在漫漫的人生旅途中，找到自己的强项，也就找到了通往成功的大门。选准自己的坐标以后需要立即行动，没有走出去的冒险精神，你的选择永远不会变成现实。如果你是鱼，就跳进大海，在茫茫的大海里尽情畅游；如果你是鹰，就飞向蓝天，在广阔的天空里自由翱翔。

每个人都是金子

> 一个人没有认清自己的真面目，不能深明自己的优势所在，就不能把命运掌握在自己手中，也就不可能取得成功。
>
> ——卡耐基

哈佛告诉学生：不要认为自己一无是处。每个人都是金子，能不能发光，关键在于你能否发掘自己的闪光之处。

有一天，一个流浪汉来到哈德教授的办公室，要求与他谈谈。他说，昨天下午他本已经决定跳进密歇根湖，了此残生。但不知是谁，也许是命运之神，把一本哈德多年以前写的书放入他口袋，这本书给他带来了勇气和希望，并支持他度过昨天夜晚。他还说，只要他见到这本书的作者，他相信作者一定能帮助他再度站起来。哈德问他，我能替你做什么。

他脸上沮丧的表情、眼中茫然的神情，他的身体姿势、脸上10天未刮的胡须，以及他那紧张的神态，完全向哈德显示出，他已经无可救药了。但哈德不忍心对他这样说。因此，哈德请他坐下来，要他把他的故事完完整整地说出来，他说得很详细，其中要点如下：他把他的全部财产投资在一种小型制造业上。1914年，世界大战爆发，使他无法取得他的工厂所需要的原料，因此他只好宣告破产。金钱的丧失，使他大为沮丧，于是，他离开了妻子和儿女，成为一名流浪汉。他对于这些损失一直无法忘怀，而且越来越难过。到最后，甚至想自杀。

他说完他的故事后，哈德对他说："我已经以极大的兴趣听完你的故事，我希望我能对你有所帮助，但事实上，我却没有能力帮助你。"

他的脸立刻变得苍白。他低下头，喃喃地说道："这下子完蛋了。"

哈德等了几秒钟，然后说道："虽然我没有办法帮助你，但我可以介绍你去见本大楼的一个人，他可以协助你东山再起！"哈德刚说完这几句话后，他立刻跳了起来，抓住哈德的手，说道"看在老天爷的分上，请带我去见这个人。"

他会为了"老天爷的分上"而做些要求，这显示他心中仍存在着一丝希望。所以，哈德引导他来到实验室里。和他一起站在一块看来像是挂在门口的窗帘布。哈德把窗帘布拉开，露出一面高大的镜子，他可以从镜子里看到他的全身。哈德用手指着镜子说：

"我答应介绍你跟他见面，就是这个人。在这世界上，只有这个人能够使你东山再起。"

他朝着镜子向前走了几步，用手抚摸他长满胡须的脸孔，对着镜子里的人从头到脚地打量了几分钟，然后后退几步，低下头，开始哭泣起来。哈德知道自己的忠告已经发挥功效了，便送他离去。

几天后，哈德在街上碰见了这个人，而且几乎都认不出他来了。他的步伐轻快有力，头抬得高高的。他从头到脚打扮一新，看来很成功的样子。

他解释说："我正要到你的办公室去，把好消息告诉你。那一天我离开你的办公室时，还只是一个流浪汉。但是，虽然我的外表落魄，我仍然替自己找到了一项年薪 3000 美元的工作。

想想，老天爷，一年 3000 美元。并且我的老板先预支了一些薪水给我，要我去买些新衣服，还让我先寄一部分钱回去给我的家人。我现在又走上成功之路了。"

在从来不曾发现"自立"价值的那些人的意识中，原来隐藏了伟大的力量和各种潜能。

我们首先要意识到，自己就是一个蕴含着无尽宝藏的世界，每个人都有自己的个性和长处，每个人都可以选择自己的目标，并通过不懈的努力去争取属于自己的成功。

每个人都具有特殊才能，每个人应该尽量灵活运用自己的这项特殊才能。有很多人以为自己所具有的这项才能，只是一些不登大雅之堂的"小玩意儿"，根本不曾想过利用这项"小玩意儿"来提高身价。而杰出人士们正是因为勤于思考，发掘利用自己的才能，才获得了很大的成功。

一味攀比会使你迷失方向

> 聪明的人只要能认识自己，便什么也不会失去。
>
> ——尼采

哈佛告诉学生：不能总望着别人的强项羡慕不已。你也有你的强项，如果你总是跟自己的劣势较劲，那只能是到处碰壁。

孔雀因为大家都爱听夜莺唱歌，而自己一唱歌就会被人笑话，很苦恼，就向天神诉苦。天神对它说："别忘了，你的项颈间闪着翡翠般的光辉，你的尾巴上有华丽的羽毛，所以在这些方面，你是很出色的。"孔雀仍不满足："可是在唱歌这一项上有人超过了我，像我这样唱，跟哑巴有什么区别呢？"天神回答道："命运之神已经公正地分给你们每样东西：你拥有美丽，老鹰拥有力量，夜莺能够唱歌，这些鸟，都很满意天神对它们的赐予。"

这世界上根本没有十全十美的东西，人也是如此，可能在此方面优秀，在彼方面低劣，这是无可辩驳的事实。可是，生活中太多的人总是喜欢和别人攀比，他们因此而给自己带来了许多无端的烦恼。

不要总把自己与别人比较，这样会愈看自己愈自惭形秽。相信天生我才必有用，你有别人没有的优点和长处，你一定可以成就未来。

不要开错窗

> 宝贝放错了地方便是废物。人生的诀窍就是找准人生定位，定位准确能发挥你的特长。经营自己的长处能给你的人生增值，而经营自己的短处会使你的人生贬值。
>
> ——富兰克林

哈佛告诉学生："认识你自己"，其中最重要的意义之一，就是要认清自己的能力，知道自己适合做什么，不适合做什么；长处是什么，短处是什么。从而做到有自知之明，最后在社会中找到自己恰当的位置。

当帕瓦罗蒂还是个孩子时，他的父亲，一个面包师，就开始教他学习歌唱。父亲鼓励他刻苦练习，培养嗓子的功底。后来，在他的家乡意大利的蒙得纳市，一位名叫阿利戈·波拉的专业歌手收帕瓦罗蒂为他的学生，那时，帕瓦罗蒂还在一所师范学院上学。在毕业时，他问父亲："我应该怎么办？是当教师还是成为一个歌唱家？"父亲这样回答他："卢西亚诺，如果你想同时坐两把椅子，你只会掉到两个椅子之间的地上。在生活中，你应该选定1把椅子。"他选择了。忍住失败的痛苦，经过7年的学习，他终于第一次正式登台演出。此后他又用了7年的时间，终于进入大都会剧院。

成功需要一个切实可行的定义。无论什么都要踏踏实实地做，好高骛远的想法一定要排除。如果我们要成功，必须要找准自己的人生定位，必须找到个人能力、兴趣和职业的最佳结合点。首先要问问你自己的兴趣所在。"我喜欢做什么？""我最擅长什么？"只要对自己所从事的工作有兴趣，其余的一切就很容易办了。

爱因斯坦在50年代曾收到一封信，信中邀请他去当以色列的总统。出乎人们意料的是，爱因斯坦竟然拒绝了。他说："我整个一生都在同客观物质打交道，因而既缺乏天生的才智，也缺乏经验来处理行政事务及公正地对待别人，所以，我觉得我不适合担当这一重任。"

人并无高下之分。一个人有抱负，也不是非成为驰名世界的大科学家或大文豪不可，炒菜、做衣服、设计花布、种菜、开车、售货，甚至于修车和收废品，只要是社会上的一项有益的工作，做好了都能有所成就。

一片树叶总有一滴露水养着，人人都会有完全属于自己的一片天地。我们在拥有自己长处的同时，总会在某些方面不如别人。每个人活在世上，受各种因素影响，都会带上或这或那的不足，如果因此而失去自己的人生定位及目标，无疑是可悲的。

走出别人给你画的圆

> 一个人如果能根据自己的爱好去选择事业的目标，他的主动性将会得到充分发挥。
>
> ——爱迪生

哈佛告诉学生：要有勇气和魄力走出别人给你画的圆。保持自己的与众不同并坚持自己为自己选定的目标，你就离成功越来越近了。

每个人在给自己定位或者确定方向的时候，总会受到外界这样或者那样的影响，其中包括父母长辈的期望。在这种情况之下，一个人就容易受外在事物的影响，不遵从自身特质的指引，走上一条由别人指定的道路。对于任何人而言这都是一种悲哀。而杰出人士在这方面一般都能够有所坚持。

拉德斯·图夫特是诺贝尔奖获得者。当杰拉德斯·图夫特还是一个8岁的小男孩时，一位老师问他："你长大之后想成为怎样的人？"他回答："我想成为一个无所不知的人，想探索自然界所有的奥秘"。图夫特的父亲是一位工程师，因此想让他也成为一名工程师，但是他没有听从。"因为我的父亲关注的事情是别人已经发明的东西，我很想有自己的发现，做出自己的发明。我想了解这个世界运作的道理。"正是有着这样的渴求，当其他孩子正在玩耍或者在电视机前荒废时光的时候，小小的图夫特就在灯前彻夜读书了。"我对于一知半解从来不满足，我想知道事物的所有真相。"他很认真地说。

没有人有强迫你去干你不感兴趣的事情的权利。杰出人士都是能够保持特质的人，最后他们得到了属于自己的那片蓝天。

要保持自我，首先要知道自己的兴趣在哪里。所谓兴趣，是指一个人力求认识某种事物或爱好某种活动的心理倾向。这种心理倾向是和一定的情感联系着的。"我喜欢做什么？""我最擅长什么？"一个人如果能根据自己的爱好去选择事业的目标，他的主动性将会得到充分发挥。即使十分疲倦和辛劳，也总是兴致勃勃，心情愉快；即使困难重重也绝不灰心丧气，而能想尽办法，百折不挠地克服它，甚至废寝忘食，如醉如痴。

你可能一时很难弄清楚自己的兴趣所在，或擅长什么，这就需要你在实践中善于发现自己、认识自己，不断地了解自己能干什么，不能干什么，如此才能取之所长、避之所短，进而找准坐标、通过奋斗取得成功。如果只在别人给你画的圆中苦苦挣扎，你的潜能就会一点点消失，你的人生也将在平庸中度过。

第六课

人生需要自我超越

　　人类的希望取决于那些知识先驱者的思维，他们所思考的事情可能超过一般人几年、几代人甚至几个世纪。

　　　　　　　——[哈佛大学第21任校长] 艾略特

　　不要以为自己的智慧很高，"弄清楚"比高智慧更重要。

　　　　　　　　　　　　　　——.18

　　[哈佛大学教授] 迈克尔·波特

人生需要自我激励
——用自我激励法应对人生困境

告诉自己"我可以"

> 凡事总要有信心，老想着"行"。要是做一件事，先就担心着"怕不行吧"，那你就没有勇气了。
>
> ——盖叫天

哈佛告诉学生：成功的字典里没有"我不能"，经常告诉自己"我可以"，就会在心里形成一种积极的暗示，很多看似超越自身能力所及的事情也变得容易解决了。

利娅是密歇根州一个小镇上的小学老师。

那天，她给学生们上了生动的一节课。她让学生们在纸上写出自己不能做到的事。所有的学生都全神贯注地埋头在纸上写着。一个10岁的男孩，他在纸上写道："我无法把球踢过第二道底线"，"我不会做3位数以上的除法", "我不知道如何让黛比喜欢我" 等等。他已经写完了半张纸，但却丝毫没有停下来的意思，仍旧很认真地继续写着。

每个学生都很认真地在纸上写下了一些句子，述说着他们做不到的事情。

利娅老师也正忙着在纸上写着她不能做到的事情，像 "我不知道如何才能让约翰的母亲来参加家长会"，"除了体罚之外，我不能耐心劝说艾伦" 等等。

大约过了 10 分钟，大部分学生已经写满了一整张纸，有的已经开始写第二页了。"同学们，写完一张纸就行了，不要再写了。"

等所有学生的纸都投入纸鞋盒以后，利娅老师把自己的纸也投了进去。然后，她把盒子盖上，夹在腋下，领着学生走出教室，沿着走廊向前走。

走着走着，队伍停了下来。利娅走进杂物室，找了一把铁锹。然后，她一只手拿着鞋盒，另一只手拿着铁锹，带着大家来到运动场最边远的角落里，开始挖起坑来。

学生们你一锹我一锹地轮流挖着，洞挖好后，他们把盒子放进去，然后又用泥土把盒子完全覆盖上。这样，每个人的所有 "不能做到" 的事情都被深深地埋在了这个 "墓穴" 里，埋在 1 米深的泥土下面。

这时，利娅老师注视着围绕在这块小小的 "墓地" 周围的 31 个 10 多岁的孩子们，神情严肃地说："孩子们，现在请你们手拉着手，低下头，我们准备默哀。"

"朋友们，今天我很荣幸能够邀请你们前来参加'我不能'先生的葬礼。"利娅老师庄重地念着悼词，"'我不能'先生在世的时候，曾经与我们的生命朝夕相处，您影响着、改变着我们每一个人的生活，有时甚至比任何人对我们的影响都要深刻得多。您的名字几乎每天都要出现在各种场合，比如学校、市政府、议会，甚至是白宫。当然，这对于我们来说是非常不幸的。

现在，我们已经把您安葬在这里，并且为您立下了墓碑，刻上了墓志铭。希望您能够安息。

愿'我不能'先生安息吧，也祝愿我们每一个人都能够振奋精神，勇往直前！阿门！"

接下来，利娅为"我不能"做了一个纸墓碑。

利娅老师把这个纸墓碑挂在教室里。每当有学生无意说出："我不能……"这句话的时候，她只要指着这个象征死亡的标志，孩子们便会想起"我不能"先生已经死了，进而去想出积极的解决方法。

"我不能"经常在我们的耳边响起，这是你对自己的宣判。听多了"我不能"，你很可能就会走进自卑的圈子，再也出不来了。沉静在"我不能"的困境中，很多事情就真的无法去做。

关于信心的威力，并没有什么神秘可言。信心在一个人成大事的过程中是这样起作用的：相信"我确实能做到"的态度，产生了能力、技巧与精力这些必备条件，即每当你相信"我能做到"时，自然就会想出"如何去做"的方法。

人生需要自我激励

一个人失败的最大原因，就是对自己的能力永远不敢充分信任，甚至自己认为必将失败无疑。

——富兰克林

哈佛告诉学生：自我激励是人生路上必不可少的生存技巧。学会了为自己加油，就没有再能打败你的敌人。因为，最可怕的事情就是自己打败自己。

人们心中的希望，与理想梦幻相比，常常更有价值。希望常常是将来事实的预言，更是人们做事的指导，希望能衡量人们目标的高低和效能的多寡。

有许多人容许自己的希望慢慢地淡漠下去，这是因为他们不懂得，坚持自己的希望就能增加自己的力量，从而实现自己的梦想。

希望具有鼓舞人心的创造性力量，她鼓励人们去尽力完成自己所要从事的事业。希望是才能的增补剂，能增加人们的才干，使一切幻梦成为现实。

从一个人的希望可以看出他在增加还是减少自己的才能。知道一个人的理想，就能知道那个人的品格、那个人的全部生命，因为理想是足以支配一个人的全部生命的。

在树立希望以后，人的思想和情感便会变得坚定不移。因此，每个人都应有高尚的目标和积极的思想，更需下定决心，绝不允许卑鄙肮脏的东西留在自己的思想里，不论做什么事，都要向着高尚的方向。

进行自我激励，足以改进人的希望，使人尽量地发挥他的才干，达到最高的境界。积极的心态，可以战胜低下的才能，可以战胜阻碍成功的仇敌。即使看似不可能的事情，只要抱定希望，努力去做，持之以恒，终有成功的一天。

三只青蛙掉进鲜奶桶中。

第一只青蛙说："这是命。"于是它盘起后腿，一动不动等待着死亡的降临。

第二只青蛙说："这桶看来太深了，凭我的跳跃能力，是不可能跳出去了。今天死定了。"

于是，它沉入桶底淹死了。

第三只青蛙打量着四周说："真是不幸！但我的后腿还有劲，我要找到垫脚的东西，跳出这可怕的桶！"

于是，这第三只青蛙一边划一边跳，慢慢地，奶在它的搅拌下变成了奶油块，在奶油块的支撑下，这只青蛙奋力一跃，终于跳出奶桶。

正是希望救了第三只青蛙的命。

许多成功者都有着乐观期待的习惯。不论目前所遭遇的境地是怎样的惨淡黑暗，他们对于自己的信仰、对于"最后的胜利"都坚定不移。这种乐观的期待心理会生出一种神秘的力量，以使他们最终实现愿望。

期待会使人们的潜能充分地发挥出来，期待会唤醒我们隐伏的力量。而这种力量要是没有大的期待，没有迫切的唤醒，是会永远被埋没的。

每个人都应该坚信自己所期待的事情能够实现，千万不可有所怀疑。要把任何怀疑的思想都驱逐掉，而代之以必胜的信仰，努力发掘出属于自己的强项，必定会有美满的成功。

正视思考的巨大力量

——做思想的富有者

正视思考的巨大力量

> 生命在于思考。
>
> ——柯勒律治

哈佛告诉学生：人类最有力的武器就是思考。要正视思考的巨大力量，在学习和生活中思考。

把你的思想当作一块土地，经过辛勤且有计划的耕耘，就可把这块土地开垦成肥沃的良田，否则它只能荒芜，任由杂草丛生。

想要从你的思想中得到丰收，你必须付出努力和投入各项准备工作，这些工作的执行就是正确思考的结果。

所有计划、目标和成就，都是思考的产物。你的思考能力，是你唯一能完全控制的东西。你可以有智慧，或是以愚蠢的方式运用你的思想，但无论你如何运用它，它都会显现出一定的力量。

运用思考，固然是人能否达到目标的关键性要素，但你应记住：运用思考，是你对全世界人民应付出的一项道德义务。

丽沙克的正确思考，使他发明了小儿麻痹疫苗。马歇尔的正确计划使他最终振兴经过希特勒蹂躏之后的欧洲经济。

没有正确的思考，是不会成就这些伟大的事情的，如果你不学习正确的思考，是绝对成就不了大业的。

挣脱你的"思维栅栏"

陌生阻止你认识陌生的事物；熟悉妨碍你理解熟悉的事物。

——霍夫曼斯塔尔

哈佛告诉学生：阻碍我们成功的，不是我们未知的东西，而是我们已知的东西。在生活中，杰出人士们总是站在异于常人的角度或者是超出常人的高度进行思考。因此，他们更了解这个世界。

这是几年前的一件事。比尔告诉他儿子，水的表面张力能使针浮在水面上，儿子那时才10岁。比尔接着提出一个问题，要求儿子将一根很大的针投放到水面上，但不得沉下去。比尔自己年轻时做过这个试验，所以比尔提示他要利用一些方法，譬如采用小钩子或者磁铁等等。儿子却不假思索地说："先把水冻成冰，把针放在冰面上，再把冰慢慢化开不就得了吗？"

这个答案真是令人拍案叫绝！它是否行得通倒无关紧要，关键一点是：比尔即使绞尽脑汁冥思上几天，也不会想到这上面来。经验把比尔限制住了，思维僵化了，这小儿子倒不落窠臼。

比尔设计的"轻灵信天翁"号飞机首次以人力驱动飞越英吉利海峡，并因此赢得了大奖。但在投针一事之前，他并没有真正明白他的小组何以能在这场历时 18 年的竞赛中获胜。要知道,其他小组无论从财力上还是从技术力量上来说,实力远比他们雄厚。但到头来,其他的进展甚微,比尔他们却独占鳌头。

投针的事情使比尔豁然醒悟:尽管每一个对手技术水平都很高,但他们的设计都是常规的。而比尔的秘密武器是:虽然缺乏机翼结构的设计经验,但比尔很熟悉悬挂式滑翔以及那些小巧玲珑的飞机模型。比尔的"轻灵信天翁"号只有约 32 千克重,却有 27 米多宽的巨大机翼,用优质绳做绳索。他们的对手们当然也知道悬挂式滑翔,对手的失败就在于懂得的标准技术太多了。

每个人都会有"自身携带的栅栏",若能及时地从中走出来,是一种可贵的警悟。与生俱来的独创精神使人勇于进取,绝不自损自贬,在学习生活中勇于独立思考,在日常生活中善于注入创意,在职业生活中精于自主创新,从而使他们能够从自我囚禁的"栅栏"里走出来。

要从自囚的"栅栏"走出来,还创造力以自由,首先就要还思维状态以自由,突破常规思维。在此基础上,对日常生活保持开放的、积极的心态,对创新世界的人与事,持平视的、平等的姿态,对创造活动,持成败皆为收获、过程才最重要的精神状态,这样,你将有望形成十分有利于创新生涯的心理品质,并使得有可能产生的形形色色的内在消极因素及时得以克服。传统的想法只会冻结你的心灵,阻碍你的进步,干扰你的创造能力。

敢想才能敢干

> 冷静思考的能力,是一切智慧的开端,是一切善良的源泉。
> ——弗洛伊德

哈佛告诉学生:只有敢"想"、会"想",善于思考、思考成功、思考未来的人，才会是成功的候选人。

善于思考是由敢想和会想两个方面构成的，那些成功的人大都因为具备了这两方面，才有惊人之举，因为敢想才能敢干，会想才能干成。

当别人失败时，你如果可以从他人的失败中得出正确的想法，并继之以行动，你就可能成功。当你自己失败了，你也只要转换一个正确的想法，紧跟以一个行动，你同样可以重获成功。

在阿拉斯州有一个非常杰出的外科大夫，他是华盛顿大学脑科手术室的主任，他所做的手术几乎就是奇迹，有许多人千里迢迢地来找他求医。"他只不过是个幸运儿"，年轻的医科学生可能会这样说，"他只不过幸运地有这些才能。"真的只是这样吗？

许多年以前，当他还是一个实习医生在纽约的一家医院实习的时候，一位医师因为无法拯救病人而感到痛心，因为大多数的脑瘤都是无法治愈的。但他相信有一天，一定有一些医生有勇气去挑战病魔，去拯救那些受苦的生命。

年轻的查尔斯就是这样一个有勇气面对挑战的人，他有勇气去尝试几乎不可能完成的任务。查尔斯获准跟从一位英国成功的医学家工作学习，但在前往英国学习之前，他还做了另一件很有意义的事。因为想要为在这位著名医学家手下工作打好基础，查尔斯花了6个月的时间到德国求教于那里最有能力的医师，这是许多年轻人不愿花时间去做的事情。在此后的两年时间里他们一起对猴子进行了多项实验，这为查尔斯未来的事业奠定了坚实的基础。查尔斯回到美国以后主动提出治疗脑瘤的要求，但是他却遭到了嘲笑。面临着各种障碍，他没有必需的设备，仅能靠不屈不挠的精神去努力实现自己的理想。正是靠着这股坚忍不拔的毅力，才使大多数的脑瘤患者可以得到治疗。查尔斯大夫通过训练年轻的医师来传授他的技能，他还在全国建立了许多脑科中心，让每一位有需要的患者都能够就近得到治疗。

成功是"想"出来的。只有敢"想"、会"想"，积极思考成功、思考未来的人，才会是成功的候选人。如果一个人善于思考，那么他就可以把别人难以办成的事办成，把自己本来办不成的事情办成。爱因斯坦教导我们：学习知识要善于思考。思考，再思考，我就是靠这个方法成为科学家的。

创新来自思考

假如别人和我一样深刻和持续地思考数学真理，他们会做出同样的发现的。

——高斯

哈佛告诉学生：创新来自思考。没有思考，你就永远在前人已踩出的路上行走，不会发现新的世界。

美国有一位年轻的画家，他除了理想，一无所有。但正是这种永不褪色的理想促使他由一个不出色的小画家，成为了卡通形象的一代宗师。当初为了理想，他毅然远行，到堪萨斯城的一家报社应聘，那里的良好氛围正是他所需要的。但主编看了他的作品后认为缺乏新意而不予录用，他初尝了失败的滋味。

后来，他替教堂作画。由于报酬低，他无钱租用画室，只好借用一家废弃的车库作为他的办公室。一天，疲倦的画家在昏黄的灯光下看见一对亮晶晶的小眼睛，那是一只小老鼠。他微笑地注视着它，而它却像影子一样溜了。后来小老鼠又一次次出现，但是他从来没有伤害过它，甚至连吓唬都没有。小老鼠渐渐地不再怕他，反而与他更加亲近起来。它在地板上做多种运动，表演各种杂技，而他就奖励它一点儿面包屑。慢慢地，他们之间互相信任，彼此建立了友谊。

不久，年轻的画家被介绍到好莱坞去制作一部以动物为主的卡通片。这对他来讲可是个难得的机会，可是他又一次失败了。

他变得有些心灰意冷。在黑夜里，他苦苦思索自己的出路，甚至开始怀疑自己的天赋。就在他穷困潦倒、前途渺茫的时候，他突然想起车库里那对亮晶晶的小眼睛，灵感在暗夜里闪出一道光芒，他迅速画出了一只奇怪却无比可爱的老鼠的轮廓。

于是，有史以来最伟大的卡通形象——米老鼠就此诞生了，而沃尔特·迪士尼也因此名扬四海。

美国总统罗斯福曾经说过："幸福不在于拥有金钱，而在于获得成就时的喜悦以及产生创造力的激情。"这位哈佛的学生告诉我们：不要因为别人都这样做，我就要这样做；也不要因为过去是这样做，现在就得这样做。传统的思维禁锢了人们的创新思维，拖累了人们发展的脚步。

当别人都习惯于纵向地将苹果切开时，如果没有那个横切一刀的人，我们又怎会发现苹果里面原来还藏着那么美丽的图画呢？

"一个人成大事的秘诀很简单，那就是永远做一个不向现实妥协也始终充满创造力的人。"

记住哈佛给我们的经验，其实发现新事物不在难易，而在于谁先想到。

留点时间思考

> 不会思想的人是白痴，不肯思想的人是懒汉，不敢思想的人是奴才。
>
> ——尼采

哈佛告诉学生：不要让忙碌的生活侵占了思考的空间。思考需要静下来，终日忙碌而不思考，你的忙碌也是盲目的。

动物王国里。猩猩正在全神贯注地做实验。夜很深了，它还不回家休息。它的导师长臂猿走进实验室，问它："这么晚了，你还在做什么呢？"

"我在工作。"

"那白天你都做了什么呢？"

"我也在工作。"

"也就是说，你一整天都在工作，是吗？"导师长臂猿继续问道。

"是的，先生。"猩猩回答完后，期待着导师的赞许。

"可是，这样一来，我很好奇，你用什么时间来思考呢？"导师长臂猿想了想后说。

很多时候，因为生活的忙碌，我们忘记了去思考。其实，并不是因为没有思考的时间，而是因为没有思考的习惯。每天都给自己留下一定的时间去思考，你的生活和工作都会变得目的明确而又有条不紊。

未经思考的、盲目的行动，往往不会有好结果。正如没有目标的人生，是没有意义的人生一样，你再怎么努力，也终将一事无成。所以，时刻把握人生的大方向，用思考指挥行动，才不会让自己在盲目的忙碌中耗去宝贵的光阴。

提出一个问题比解决一个问题重要

> 要想得到确定的使人相信的结果，开始我们必须持怀疑态度。
>
> ——斯坦尼斯洛斯

哈佛告诉学生：提出问题远远比解决问题重要。只有不断地提出问题，才能使你不断地在思考中进步。

爱因斯坦的成功，首先应归功于他的正确的思考和创造力。

有一次大发明家爱迪生满腹怨气地对爱因斯坦说："每天上我这儿来的年轻人真不少，可没有一个我看得上的。"

"您断定应征者合格或不合格的标准是什么？"爱因斯坦问道。

爱迪生一面把一张写满各种问题的纸条递给爱因斯坦，一面说："谁能回答出这些问题，他才有资格当我的助手。"

"从纽约到芝加哥有多少千米？"爱因斯坦读了一个问题，并且回答说："这需要查一下铁路指南。""不锈钢是用什么做成的？"爱因斯坦读完第二个问题又回答说："这得翻一翻金相学手册。"

"您说什么，博士？"爱迪生打断了爱因斯坦的话问道。

"看来我不用等您拒绝，"爱因斯坦幽默地说，"就自我宣布落选啦！"

爱因斯坦从自己的切身体验出发，强调不能死记住一大堆东西，而是要能灵活地进行思考。

爱因斯坦认为，正确地进行思考，是追求机会至关重要的条件。

小时候的爱因斯坦一点也看不出来有什么天才，到3岁的时候，还不会讲话。6岁上学，在学校里成绩非常差，一上课就是被批评的对象，老师还说他永远也不会有什么大的出息。大家一致认为他是一个天生的笨蛋。

但爱因斯坦在12岁的时候，就已经决定献身于解决"那广漠无垠的宇宙"之谜。15岁那年，由于历史、地理和语言等都没有考及格，也因为他的无礼态度破坏了秩序和纪律，他被学校开除。

爱因斯坦非常重视思考和想象。他说："想象力比知识更重要。因为知识是有限的，而想象力包括世界上的一切，推动着进步，并且是知识进化的源泉。"在16岁时，他喜欢做白日梦，幻想着自己正骑在一束光上，在太空旅行，然后思考：如果这时在出发地有一座钟，从我坐的位置看，它的时间会怎样流逝呢？

从此，他开始了他的科学远征。他设计了大量理想实验，提出了"光量子"等模型，为相对论和量子论的建立奠定了基础。

灵活地进行思考对一个人的成功是非常必要的。保持"提出一个问题往往比解决一个问题更重要"的思想，才能不断地提出问题，并在解决这些问题的同时逐渐迈向一个个人生的新高峰。打开一切科学和真理的钥匙都是问号。大多数伟大的发现都始于智者的发问。

别忘了思考自己失败的原因

> 促使成功的最大向导，就是从我们自己的错误中所得来的教训。
>
> ——约翰·斯顿

哈佛告诉学生：失败的原因有很多种，但归根结底只有一个，那就是不能善待失败，不会自我反思，不问失败的原因。

在为成大事而艰难求索的征程中，为什么有人能够气贯寰宇，有的人却庸庸碌碌地走过一生呢？其实道理很简单，成功者与失败者之所以有如此大的反差，关键就在于是否找到并很好地利用了成功人生的智慧之源——思考的力量。

著名的成功学大师统计分析后认为：成大事的智慧之源在于：找到了思考的力量；发挥外脑智囊团的作用；反思并善待失败。思考的力量是决定人生成败的力量，要想成大事，首先要有正确的思考方法和思维方式。

美国捷运公司的布斯奎特曾经是一家名不见经传的小公司的总经理。任职期间，他管辖的雇员中，有5名人员故意隐瞒了2400万美元的公司亏损。结果在年底查账时被人查了出来，布斯奎特也因此失去了他的工作。但这次失败并未给他造成毁灭性的打击，反而促使他进一步地进行了反思。他意识到那5名员工故意隐瞒亏损的原因在于自己在别人的眼里是一个凡事追求完美的人，这无疑给他们造成了一种危机感和压迫感，致使他们不敢上报坏消息。

经过这次失败和自我反思的洗礼后，布斯奎特变得更加成熟了，他在以后的事业生涯中，勇于面对挑战，一步一步地走向成功的巅峰。现在，布斯奎特是捷运公司的执行副总裁。

失败并不可怕，问题是我们能不能善待失败，能不能进行正确的反思。只要找到上次失败的原因，你就等于找到了下一次成功的钥匙。

世界并不是只围绕那些成功者运转，我们的存在，就意味着我们也有成功的机会。只要你把自己的智慧充分地发挥出来，离成大事还会远吗？

让我们善待失败，找出失败的原因，然后进行自我反思，为进一步的成功奠定基础吧。

善于发现问题

如果你从肯定开始，必将以问题告终；如果从问题开始，则将以肯定结束。

——培根

哈佛告诉学生：发现问题是契机，面对问题是挑战，解决问题是超越。

牛顿是英国伟大的科学家。1665年，伦敦发生了鼠疫，学校停课，还是牛津大学学生的牛顿辍学在家。这一年，他正好23岁。不过在家并不是无事可做，牛顿不停地思考着，思考着光的秘密、天空的秘密、数学王国的秘密。

在家休学的一年半，是牛顿一生丰收的季节。光的色散现象、微积分、万有引力定律等，都是这个时候发现的。

有一天午后，牛顿走进花园休息，在一棵苹果树下坐了下来，与朋友史特克莱一起谈着物理学中的各种问题。谈着谈着，树上一只苹果也许是熟透了的缘故，突然落下地来，而且不偏不倚，正好落在牛顿的头上。

这时，牛顿脑海里突然冒出一个奇怪的念头：苹果为什么不往天上飞，而要往地下落呢？是什么力在吸引它呢？

吸引它的可能是地球。这个力朝向地球的中心，所以地球上所有物体都会往地上掉，牛顿这样推测。"地球吸引着苹果，苹果也一定吸引着地球。"牛顿头脑中进一步思考着。但是，为什么只看见苹果落地，不见地球向苹果飞去呢？对于这个问题，牛顿自己找到了答案。苹果吸引地球和地球吸引苹果，引力的大小是一样的。只是苹果很小，地球引力很容易使它运动，而地下地球的质量非常大，苹果对它的引力则显得微乎其微、小得可怜，对它几乎不起什么作用。因此，地球似乎没有受到苹果的引力，人们不会看到它因为苹果的吸引而发生位移。

牛顿继续想，那么可不可以把天上的月亮看作是一个很大的苹果呢？地球对它也有一个引力，可它为什么不像苹果一样落向地球呢？月亮难道不受地球引力的作用吗？不对，它肯定受地球引力的作用，但是月亮在天空中做着圆周运动。对了，它做圆周运动，这样就会产生一个离心力。这很像下雨时你转动雨伞，水珠会沿伞的外切线方向飞出去，这是离心力在起作用。而月亮既受着地球的引力，又因为自身圆周运动而产生离心力。两个方向相反，大小相等，于是月亮既不飞走，也不掉向地球，而是悬挂在天空，绕地球运行于不息。

就这样，牛顿从一只苹果落在头上想起，一步一步深入地思考，想到了月亮，想到了太阳，终于发现了万有引力。他又进一步思考万有引力的大小，发现了伟大的万有引力定律。

就这样，一只苹果落在头上，使牛顿产生灵感，进而发现宇宙间一条普遍的规律。

　　陀螺盘的发明也是受一个普通问题的激发而完成的。有一天，发明家E.斯佩里的儿子问他："为什么陀螺立着旋转？"斯佩里抓住这一问题进行了深入的思考，并把它与罗盘联系起来，结果从中找到了一条改进罗盘的线索。他沿着这一线索走到尽头，最终成为一名杰出的发明家和工业家。

　　发现问题是契机，面对问题是挑战，解决问题是超越。苹果不一定再砸我们的头，但问题一定会找到我们，你抓住了吗？

　　探索问题比占有真理、重复真理更有意义。问题的激发功能使问题成为灵感的源泉。

第七课

习惯左右一生

　　好的习惯是绝大多数人迈动双脚的动力，它对成功的影响力不可小觑。对于青少年来说，一定要及早养成更多的好习惯，驱除坏习惯的侵扰。

　　　　　　　　——［哈佛大学教授］皮鲁克斯

　　如果你在进入社会后，任何时候都能得心应手，那么你在大学里就没有晒太阳的时间。

　　　　　　　　——［哈佛大学教授］W.V.奎因

好习惯受益终生

——坚持你的好习惯

习惯的力量

> 习惯真是一种顽强而巨大的力量，它可以主宰人生。因此，人自幼就应该通过完美的教育，去建立一种好习惯。
>
> ——培根

哈佛告诉学生：一个好的习惯会让你终身受益，而一个坏习惯会如一个如影随形的魔鬼，坏了你的大事。

美国有位贫困工人约翰，长期以来养成了抽烟习惯，最终他也为此受到了惩罚。

有段时期，约翰抽烟抽得很凶。一次他在度假中开车经过法国，而那天正好下大雨，于是他只得在一个小城里的旅馆过夜。当约翰清晨两点钟醒来时，想抽支烟，但他发现，烟盒是空的，于是他开始到处搜寻，结果毫无所获。这时,他很想抽烟。然而,如果出去购买香烟要到火车站那边去,大约有 6 条街以外那么远。因为此时旅馆的酒吧和餐厅早已关门了。

他抽烟的欲望越来越大,不断地侵蚀着他。被迫无奈,他决定出去买烟。然而,当他经过路口时,一辆汽车疾驶而过,而此时他已被烟瘾折磨得神志不清,被汽车撞倒。还好没有受到很重的伤害。

事后,约翰承认,这一切都是烟造成的,如果不是长期养成抽烟的坏习惯,也许他不会得到这样的结果。

习惯的力量是强大的,习惯会影响你的一生。青年人一定要培养好习惯,抵制坏习惯的侵袭。当你感到一个坏习惯的不利影响时,想抵制它就不容易了。

好习惯是一种无形的资产,会在你不经意间为你赢得意想不到的价值和惊喜。养成一个好习惯只需要你长期的坚持和自律,而换来的却是无价的珍宝。

耐心的习惯助你成功

> 人要是发脾气就等于在人类进步的阶梯上倒退了一步。
>
> ——达尔文

哈佛告诉学生:在成功的道路上,你若没有足够的耐心去等待成功的到来,那么,你只有用一生的耐心去面对失败了。

原子弹之父奥本·海默要在一座大型的体育馆作演说。

那天,会场座无虚席,人们在热切地、焦急地等待着奥本·海默做精彩的演讲。当大幕徐徐拉开,舞台的正中央吊着一个巨大的铁球。为了这个铁球,台上搭起了高大的铁架。

奥本·海默在人们热烈的掌声中，走了出来，站在铁架的一边。

人们惊奇地望着他，不知道他要做出什么举动。

这时两位工作人员，抬着一个大铁锤，放在奥本·海默的面前。主持人这时对观众讲：请两位身体强壮的人，到台上来。好多年轻人站起来，转眼间已有两名动作快的跑到台上。

奥本·海默这时开口和他们讲规则，请他们用这个大铁锤，去敲打那个吊着的铁球，直到把它荡起来。

一个年轻人抢着拿起铁锤，拉开架势，抡起大锤，全力向那吊着的铁球砸去，一声震耳的响声，那吊球动也没动。他就用大铁锤接二连三地砸向吊球，很快他就气喘吁吁。另一个人也不示弱，接过大铁锤把吊球打得叮当响，可是铁球仍旧一动不动。

台下逐渐没了呐喊声，观众好像认定那是没用的，就等着奥本·海默做出什么解释。会场恢复了平静，奥本·海默从上衣口袋里掏出一个小锤，然后认真地，面对着那个巨大的铁球不停地，有节奏地敲击。

10分钟过去了，20分钟过去了，会场早已开始骚动，人们用各种声音和动作发泄着他们的不满。奥本·海默仍然一小锤一小锤地工作着，他好像根本没有听见人们在喊叫什么。人们开始愤然离去。

大概在奥本·海默进行到40分钟的时候，坐在前面的一个人突然尖叫一声："球动了！"霎时间会场立即鸦雀无声，人们聚精会神地看着那个铁球。那球以很小的摆度动了起来，不仔细看很难察觉。奥本·海默仍旧一小锤一小锤地敲着。吊球在他一锤一锤的敲打中越荡越高，它拉动着那个铁架子"咣、咣"作响，它的巨大威力强烈地震撼着在场的每一个人。终于场上爆发出一阵阵热烈的掌声，在掌声中，奥本·海默转过身来，慢慢地把那把小锤揣进兜里。

奥本·海默开口讲话了，他只说了一句话：在成功的道路上，你没有耐心去等待成功的到来，那么，你只好用一生的耐心去面对失败。

成功不是可以一蹴而就的事情，它就像一盘永远也下不完的棋，需要你有足够的耐心。只要你有决心，并持之以恒，从一点一滴做起，耐心等待成功的来临，它就会垂青于你。急切地希望成功，又没有耐心等待成功到来的人，终将以失败告终。耐心也是一种习惯，需要从点滴的小事中培养。养成有耐心的习惯，你就获得了一大笔人生财富。

自我反省的习惯引领你进步

> 反省是一面莹澈的镜子，它可以照见心灵上的污点。
>
> ——高尔基

哈佛告诉学生：能够时时审视自己的人，一般都很少犯错，因为他们会时时考虑：我到底有多少力量？我能干多少事？我该干什么？我的缺点在哪里？为什么失败了或成功了？这样做就能轻而易举地找出自己的优点和缺点，为以后的行动打下基础。

一般地说，自省心强的人都非常了解自己的优劣，因为他时时都在仔细检视自己。这种检视也叫作"自我观照"，其实质也就是跳出自己的身体之外，从外面重新观看审察自己的所作所为是否为最佳的选择。这样做就可以真切地了解自己了，但审视自己时必须是坦率无私的。

有一个青年，有一天在街角的小店借用电话。他用一条手帕盖着电话筒，然后说："是贾公馆吗？我是打电话来应征做园丁工作的，我有很丰富的经验，相信一定可以胜任。"电话的接线生说："先生，恐怕你弄错了，我家主人对现在聘用的园丁非常满意，主人说园丁是一位尽责、热心和勤奋的人，所以我们这儿并没有园丁的空缺。"

青年听罢便有礼貌地说："对不起，可能是我弄错了。"跟着便挂了电话。

小店的老板听了青年人的话，便说："青年人，你想找园丁工作吗？我的亲戚正要请人，你有兴趣吗？"

青年人说："多谢你的好意，其实我就是贾公馆的园丁。我刚才打的电话，是用以自我检查，确定自己的表现是否合乎主人的标准而已。"

在生活中，不断作自我反省，才可以令自己立于不败之地。

我们每天早晨起床后，一直到晚上上床睡觉前，不知道要照多少次镜子。这个照镜子，就是一种自我检查，但只不过是一种对外表的自我检查。相比之下，对本身内在的思想做自我检查，要比对外表的自我检查重要得多。可是，我们不妨问问自己：你每天能做多少次这样的自我检查呢？我们不妨设想一下，如果某一天我们没有照镜子，那会是一种什么结果呢？也许，脸上的污点没有洗掉；也许，衣服的领子出了毛病……同样，我们如果不对内在的思想做自我检查，那么，我们就可能是出言不逊也不知道，举止不雅也不知道，心术不正也不知道……那是多么的可怕！我们应该养成这样一个习惯——就是每当夜里刚躺到床上的时候，都要想一想自己今天的所作所为，有什么不妥当的地方。每当出了问题的时候，首先从自己这个角度做一下检查，看看有什么不对，而且，还要经常地对自己做深层次、远距离的自我反省。

培养自我反省的习惯，就得有自知之明。最有可能设计好一个人的就是他自己，而不是别人，最有可能完全了解一个人的也是他自己，而不是别人。但是，正确地认识自己，实在是一件不容易的事情。不然，古人怎么会有"人贵有自知之明"、"好说己长便是短，自知己短便是长"之类的古训呢？

自知之明，不仅是一种高尚的品德，而且是一种高深的智慧。因此，你即便能做到严于责己，即便能养成自省的习惯，但并不等于说能把自己看得清楚。就以对自己的评价来说，如果把自己估计得过高了，就会自大，看不到自己的短处；把自己估计得过低了，就会自卑，自己对自己缺乏信心；只有估准了，才算是有自知之明。很多人经常是处于一种既自大又自卑的矛盾状态。一方面，自我感觉良好，看不到自己的缺点；另一方面，却又在应该展现自己的时候畏缩不前。对自己的评价都如此之难，如果要反省自己的某一个观念，某一种理论，就更难了。

珍惜时间的习惯会延长生命

> 我们的生命皆由时间造成，片刻时间的浪费，便是虚掷了一部分的生命。
>
> ——林肯

哈佛告诉学生：浪费时间是生命中最大的错误，也是最具毁灭性的力量。大量的机遇就蕴含在点点滴滴的时间当中。浪费时间往往是绝望的开始，也是幸福生活的扼杀⋯⋯明天的幸福就寄寓在今天的时间中。

在美国近代企业界里，与人接洽生意能以最少时间产生最大效率的人，非金融大王摩根莫属。为了珍惜时间他招致了许多怨恨。

摩根每天上午9点30分准时进入办公室，下午5点回家。有人对摩根的资本进行了计算后说，他每分钟的收入是20美元，但摩根说好像不止这些。所以，除了与生意上有特别关系的人商谈外，他与人谈话绝不在5分钟以上。

通常，摩根总是在一间很大的办公室里，与许多员工一起工作，而不是一个人待在房间里工作。摩根会随时指挥他手下的员工，按照他的计划去行事。如果你走进他那间大办公室，是很容易见到他的，但如果你没有重要的事情，他是绝对不会欢迎你的。

摩根能够轻易地判断出一个人来接洽的到底是什么事。当你对他说话时，一切转弯抹角的方法都会失去效力，他能够立刻判断出你的真实意图。这种卓越的判断力使摩根节省了许多宝贵的时间。有些人本来就没有什么重要事情需要接洽，只是想找个人来聊天，因而耗费了工作繁忙的人许多重要的时间。摩根对这种人简直是恨之入骨。

每一个成功者都非常珍惜自己的时间。无论是老板还是打工族，一个做事有计划的人总是能准确判断自己面对的顾客在生意上的价值，如果有很多不必要的废话，他们都会想出一个收场的办法。同时，他们也绝对不会在别人的上班时间，去海阔天空地谈些与工作无关的话，因为这样做实际上是在妨碍别人的工作，浪费别人的生命。

年轻生命最伟大的发现就在于时间的价值。人人都须懂得时间的宝贵，"光阴一去不复返"。当你踏入社会开始工作的时候，一定是浑身充满干劲的。你应该把这干劲全部用在事业上，无论你做什么职业，你都要努力从事、刻苦经营。如果能一直坚持这样做，那么这种习惯一定会给你带来丰硕的成果。

明智而节俭的人不会浪费时间，他们把点点滴滴的时间都看成是浪费不起的珍贵财富，把人的精力和体力看成是上苍赐予的珍贵礼物。礼物如此神圣，绝不能胡乱地浪费掉。

无论是谁，如果不趁年富力强的黄金时代去培养自己善于集中精力的好性格，那么他以后一定不会有什么大成就。世界上最大的浪费，就是把个人宝贵的精力无谓地分散到许多不同的事情上。一个人的时间有限、能力有限、资源有限，想要样样都精、门门都通，绝不可能办到。如果你想在某些方面取得一定成就，就一定要牢记这条法则。

注重细节的习惯助你成大事

> 要想获得成功，应当满足于从小处着手。
>
> ——诺贝尔

哈佛告诉学生：决定命运的有时不是小事，而是一个很小的细节。有时机会就在你的手里，就看你有没有为此做好准备。不要忽略细节，要养成注重细节的好习惯。

香港金利来公司曾经和一家报社联合举行一次活动。奖品是金利来领带。

活动结束后，负责发放礼品的一位姓罗的女记者把剩下的3条领带交还给了金利来公司。这件小事却让金利来公司的总裁曾宪梓感动不已。几年后，金利来公司全面进入大陆市场，组建一个分公司。在招聘经理时，曾先生想到了那位记者。

这位记者后来成了经理。

"机会不会垂青毫无准备的人"，而你注重细节的好习惯就是很好的准备。好运往往会降临在细心人的头上。

一个相貌平平的女孩，在一所极普通的中专学校读书，成绩也一般。她到一家合资公司去应聘，外方的经理简单地看了看她的材料，没有表情地拒绝了。

女孩收回自己的材料，站起来准备走。突然觉得自己的手被扎了一下，看了看手掌，上面沁出一颗血珠。原来是凳子上一个钉子露在外面了。

她见桌子上有一块镇纸石，便拿过来用劲把小钉子压了下去。然后，微微一笑，说声告辞转身离去。

几分钟后，公司经理派人在楼下追上了她。她被公司破格录用了。

能否注重细节，直接决定你的成败。正所谓"成也细节，败也细节"。精细者常常可以旗开得胜，粗心者则常因忽略细节而功败垂成。人生之路是由很多细节组成的，养成了注重细节的好习惯，就等于叩响了成功的门扉。

现实生活中，许多人思想上存在着这样一个误区：成大事者不必拘于小节。殊不知，"大"字当头，必定眼高手低。有时候，一些看似平常的细节，如举手投足，待人接物，言语交谈等往往会给人留下深刻的印象。"千里之堤，溃于蚁穴"，一个人若平时不注意这些细节，就会因小失大，最终与成功失之交臂。

倒掉鞋中的沙砾

——避免坏习惯的羁绊

远离懒惰部落

> 懒惰是活人的坟墓。
>
> ——霍兰

哈佛告诉学生：做每一件事不见得一定成功，但不去做每一件事则一定不可能成功！要想成功，你一定要把懒惰的习惯扔得远远的。

在远古时候，有两个朋友，相伴一起去遥远的地方寻找人生的幸福和快乐。一路上风餐露宿，在即将达到目标的时候，遇到了一条风急浪高的大河，而河的彼岸就是幸福和快乐的天堂。关于如何渡过这条河，两人产生了不同的意见。一个建议采伐附近的树木造一条木船渡过河去，另一个则认为无论哪种办法都不可能渡得了这条河，与其自寻烦恼和死路，不如等这条河流干了，再轻轻松松地走过去。

于是，建立造船的人每天砍伐树木，辛苦而积极地创造船只，并顺带着学会了游泳；而另一个则每天躺下休息睡觉，然后到河边观察河水流干了没有。直到有一天，已经造好船的朋友准备扬帆渡河的时候，另一个朋友还在讥笑他的愚蠢。

不过，造船的朋友并不生气，临走前只对他的朋友说了一句话："去做每一件事不见得都成功，但不去做每一件事则没有机会得到成功！要想成功，你一定要把懒惰的习惯扔得远远的。"能想到河水流干了再过河，这算得上是一个"伟大"的创意，可惜的是，这却仅仅是个注定永远失败的"伟大"创意而已。

这条大河终究没有干，而那位造船的朋友经过一番风浪也最终到达了目标的彼岸。这两人后来在这条河的两岸定居了下来，也都衍生了许多自己的子孙后代。渡过河的一边叫幸福和快乐的沃土，生活着一群我们称为勤奋和勇敢的人；等河干的一边叫失败和失落的原地，生活着一群我们称之为懒惰和懦弱的人。

懒惰是一种习惯，俗语道："人，越呆越懒，越吃越馋。"当懒惰已经发展成为习惯，它就会像细菌一样，在你的生活中蔓延，使你的生活到处弥漫着懒散的气息。面对懒惰行为，有的人浑浑噩噩，有的人认为懒惰可以挥之即去。你可一定要远离懒惰部落，避免它的滋生和蔓延。

远离"找借口"的习惯

习惯就像一根缆绳，我们每天都编织着其中的一根线，最终我们挣不断它。

——贺内拉斯

哈佛告诉学生：一个人在面临挑战时，总会为自己未能实现某种目标找出无数个理由。而正确的做法是，抛弃所有的借口，找出解决问题的方法。

千万不要让"借口"淹没了你的潜力和才能。

体育界的成功者罗杰·布莱克，他的杰出并不在于他非凡的令人瞩目的竞技成绩——他曾经获得奥林匹克运动会 400 米银牌和世界锦标赛 400 米接力赛金牌。而更让人触动的是，所有的成绩都是在他患有心脏病的情况下取得的。

除了家人、亲密的朋友和医生等仅有的几个人知道其病情外，他没有向外界公布任何消息。带着心脏病从事这种大运动量的竞技项目，不仅很难有出色的发挥，而且有可能危及生命安全。第一次获得银牌后，他对自己依然不满意。如果他告诉人们自己真实的身体状况，即使在运动生涯中半途而废，也会获得人们的理解的。但是罗杰却说："我不想小题大做。即使我失败了，也不想将疾病当成自己的借口。"作为世界级的运动员，这种精神一直存在于他的整个职业生涯中。

那些认为自己缺乏机会的人，往往是在为自己的失败寻找借口。而成功者大都不善于也不需要编造任何借口，因为他们能为自己的行为和目标负责，也能享受到自己努力的成果。借口总是在人们的耳旁窃窃私语，告诉自己因为某原因而不能做某事，久而久之我们甚至潜意识里认为这是"理智的声音"。假如你也有这种习惯，那么请你做一个实验，每当你使用"理由"一词时，请用"借口"来替代它，也许你会发现自己再也无法心安理得了。

倒掉鞋中的沙砾

> 人们不应长久沉湎于恶习，因为尽管你不愿意，也会养成习惯。
>
> ——伊索

哈佛告诉学生：在费尽心力设计你的目标的同时，记得弯下腰倒掉你鞋中的沙砾。

　　心中的害群之马就是心中的痼疾。它是日积月累的习惯，它是难以驱散的乌云。

　　远古时候，轩辕黄帝要到具茨山去寻找一位叫大隗的"完人"，向他请教治理天下的良策。出发前，黄帝请了一些很有经验的人做向导。可是，当他们行至襄城郊外时，还是迷了路，绕来绕去总是找不到出路。

　　黄帝一行正在万分着急的时候，忽然看见空旷的野地里有个牧马的男孩，黄帝就赶快过去问他："你知道去具茨山的方向吗？"男孩说："当然知道。"黄帝心中大喜，连忙又问："那你知道大隗住在什么地方吗？"男孩看了看黄帝说："知道。我什么都知道。"黄帝见他果然聪明伶俐，于是逗他说："你的口气真大，既然什么都知道，那我问问你，如何治理天下，你知道吗？"男孩爽快地回答说："那有什么难的。"说完男孩却跳上马背要走开。黄帝拉住男孩再问，男孩回答说："治理天下，与牧马相比有什么不同吗？只不过是要把危害马群的坏马驱逐出去而已。"男孩说完，骑马离去。

　　黄帝闻听此言，茅塞顿开，连向牧童离去的方向叩头拜谢，然后打道返回。

　　清除害群之马就可以治理天下，那么同样，清除掉自己身上的不利于成功的因素也就可以达到成功了。

　　使你疲倦的不是眼前的高山，而是鞋中的一粒细砂。不要不在意这粒细砂，往往是它使你难以达到目标。在费尽心力设计你的目标的同时，记得弯下腰倒掉你鞋中的沙砾。克服了自身的不良习惯和小毛病，才能迎来成功。

刚愎自用只能让你自闭

> 世界上最宽阔的是海洋，比海洋更宽阔的是天空，比天空更宽阔的是人的胸怀。
>
> ——雨果

哈佛告诉学生：刚愎自用只能让你走向自闭，只有广泛接受他人的意见才能拥有大智慧。

晁错是位地地道道的忠臣。按理应得善终，但遗憾的是他刚愎自用，年纪轻轻就被腰斩，还殃及全族。

汉文帝死后，太子启即位，是为汉景帝。

景帝是个好大喜功，想有所作为，却没有雄才大略的皇帝。

晁错年轻气盛，觉得世上没有做不到的事情，更想趁此机会做几件大事，一方面压服人心，一方面巩固中央集权。于是上书景帝，请求削藩。

楚国既削，晁错又搜罗赵王过失，把赵国的常山郡削了去，然后又查出胶西王私自卖官鬻爵，削去了六县。晁错见诸侯没有什么抵制性的反应，觉得削藩可行，就准备向硬骨头吴国下手。

正当晁错情绪高涨的时候，突然有一位白发飘然的人踢开门迎面走进来，见到晁错劈面就说："你莫不是要寻死吗？"晁错仔细一看，竟是自己的父亲，晁错连忙扶他坐下，晁错的父亲说："我在颍川老家住着，倒也觉得安闲。但近来听说你在朝中主持政事，硬要离间人家的骨肉，非要削夺人家的封地不可，外面已经怨声载道了。不知你到底想干什么，所以特来此问你！"刚愎自用的晁错说："如果不削藩，诸侯各据一方，越来越强大，恐怕汉朝的天下将不稳了。"晁错的父亲长叹了一声说："刘氏得安，晁氏必危，我已年老，不忍心看见祸及你们，我还是回去吧。"说完走了。

吴王刘濞闻听朝廷向自己下手，他不愿坐以待毙，便联合楚、赵六国向朝廷发难，并打出"诛晁错，清君侧"的旗帜作为反叛之借口。

"七国之乱"令景帝大受震动。他听信了奸臣之言，天真地想以杀晁错来换取七国罢兵。

结果，晁错被处腰斩，株连全族，而战火也仍未平息。

晁错的确死得冤枉，他完全是一场政治、军事与权谋斗争的牺牲品。但他的悲剧也是由于他刚愎自用所致。如果此种习惯不改，即使当时不死，也决不会长期立足于汉廷。

刚愎自用的人往往是心胸狭窄之人，即使你自己有再大的力量，也不如众人智慧的力量大。对于管理者而言，这尤其重要。刚愎自用、自以为是的习惯使最聪明的人也与成功无缘。因为"智者千虑，必有一失"，而那一"失"往往是致命的，所以，收起你的刚愎、固执，听听大家的声音。

别让坏习惯牵着走

——习惯需要用心培养

从今天起改掉不良习惯

> 好的习惯愈多，生活愈容易，抵抗引诱的力量也愈强。
>
> ——威廉·詹姆斯

哈佛告诉学生：要完善自己先从改掉不良的习惯开始。不可小看不良的习惯，改变它不是轻而易举的事情，需要顽强的毅力。

一天，一位睿智的教师与他年轻的学生一起在树林里散步。教师突然停了下来，并仔细看着身边的4株植物：第一株植物是一棵刚刚冒出土的幼苗；第二株植物已经算得上挺拔的小树苗了，它的根牢牢地盘踞到了肥沃的土壤中；第三株植物已然枝叶茂盛，差不多与年轻学生一样高大了；第四株植物是一棵巨大的橡树，年轻学生几乎看不到它的树冠。

老师指着第一株植物对他的年轻学生说："把它拔起来。"年轻学生用手指轻松地拔出了幼苗。"现在，拔出第二株植物。"年轻学生听从老师的吩咐，略加力量，便将树苗连根拔起。

"好了，现在，拔出第三株植物。"年轻学生先用一只手进行了尝试，然后改用双手全力以赴。最后，树木终于倒在了筋疲力尽的年轻学生的脚下。"好的"，老教师接着说道，"去试一试那棵橡树吧。"年轻学生抬头看了看眼前巨大的橡树，想了想自己刚才拔那棵小得多的树木时已然筋疲力尽，所以他拒绝了教师的提议，甚至没有去做任何尝试。"我的孩子"，老师叹了一口气说道，"你的举动恰恰告诉你，习惯对生活的影响是多么巨大啊！"

故事中的植物就好像我们的习惯一样，根基越雄厚，就越难以根除。的确，故事中的橡树是如此巨大，就像根深蒂固的习惯那样令人生畏，让人惮于去尝试改变它。有些习惯比另一些习惯更难以改变，这一点，不仅坏习惯如此，好习惯也不例外。也就是说，好习惯一旦养成了，它们也会像故事中的橡树那样，牢固而忠诚。在习惯由幼苗长成参天大树的过程中，习惯被重复的次数越来越多，存在的时间也越来越长，它们也越来越像一个自动装置，越来越难以改变。所以，要尽快将坏习惯扼杀在襁褓之中，坏习惯一旦发展为性情，就很难再改变了。

成功人士并不见得都比其他人聪明，但是，好习惯让他们变得更有教养、更有知识、更有能力；成功人士也不一定比普通人更有天赋，但是，好习惯却让他们训练有素、技巧纯熟、准备充分；成功人士不一定比那些不成功者更有决心或更加努力，但是，好习惯却放大了他们的决心和努力，并让他们更有效率、更有条理。没有不可改变的习惯，没有不可改变的人生，关键是你是否有心改变，如果你希望出类拔萃，也希望生活与众不同，那么，你必须明白——你的习惯决定着你的未来，赶快行动起来，将坏习惯统统扔掉！

寻找习惯的空隙

人往往服从于习惯，而不管是否合理与正确。

——帕斯卡

哈佛告诉学生：习惯也不是坚不可破，没有缝隙可钻的。若是擅长寻找习惯的空隙，你就会出奇制胜。

一个犹太人来到银行贷款部贷款。

"请问先生需要什么帮助？"贷款部经理问。"我想借点钱。""没问题，你要借多少？""1美元。""1美元？"经理有点意外。"是的，只需1美元，可以吗？""当然，只要有担保，多借也没问题。""好吧，这些可以吗？"犹太人拿过皮包，取出一堆股票、债券，"共50万美元，够了吧？""当然，当然，您只借1美元吗？""是。""年息为6%，1年后归还，我们就可以将这些股票、债券还给您。"犹太人接过1美元。

一年后，犹太人还了债，取回股票债券。当经理问及为何只借1美元时，犹太人笑答："保险箱租金太高，变通一下，我只花6美分。"

都说犹太人精明，确实如此。银行制度应算是比较严密的了，可还是让犹太人钻了空子。

看来，只要坚信一点，破旧之后必能立新。

从上面的例子中，我们看到，贷款并不是那个犹太人的目的，存放票证才是其真意。他不囿于常理，不受制于"习惯"，巧妙地利用银行家的习惯性思维定式，为自己找到了方便。在"习惯"上，人们为贷款而抵押，且希望少押多贷；银行为保证自己的利益，则"习惯"地要求多押少贷，因而，押不嫌其多，贷不嫌其少。这一切都成了"习惯"。银行家与贷款人都不觉得有什么不妥，且经历了百十年实践的检验，故而逐渐成为定势。

可是,在勇于创新者眼里,鸡蛋再密也有缝,再传统的"习惯"也有空隙。果然,犹太人在严密的贷款制度中找到了可资利用的空当。这首先应归功于他敢于破"为贷而押"的"习惯",反行"为押而贷"的创新。这是对"习惯性制度"的创新。

好习惯需要用心培养

> 习惯仿佛像一根缆绳,我们每天给它缠上一股新索,要不了多久,它就会变得牢不可破。
>
> ——曼恩

哈佛告诉学生:好习惯不是一朝一夕就能养成的,而是需要你有意地用心培养。你首先要知道自己需要什么样的习惯,该如何培养这种习惯。习惯的培养最忌讳半途而废,所以,你要培养一个好习惯就要坚持不懈。

习惯的培养中,不能只用纪律来规范,人格化要高于技能化。

有一个英国皇家教育访问团到某幼儿园参观。园长为了让外国人看小朋友是怎样守纪律的,给每个小朋友发一碗汤圆。小孩都特喜欢吃。客人来参观都要致欢迎词啊,啰啰唆唆了半天。对着汤圆,有个小男孩等不及了,低下头舔了一下。园长看见了,狠狠地盯了他一下,小男孩低下了头,知道犯错误了。参观完了之后,老师们就问英国的客人,你看我们幼儿园的小朋友教育怎么样?人家说话很幽默:我看你们训练孩子的方式和我们英国皇家训练马队一样,要先出哪个蹄子,后出哪个蹄子……

习惯是个庞大的体系,像大树一样有根、干、枝、叶。在培养的时候要统筹安排,分清主次,明确先后,有步骤地去培养。开始时要由浅入深、由近及远、由渐进到突变,要宁少勿多、宁易勿难。同时,要注意刚柔相济,在坚持的同时，有一定的灵活性。但千万不要一灵活，把原则也灵活掉了。

对旧习惯的克服，要放在有了毅力以后再进行，要先培养好习惯，在好习惯的培养中，人的毅力会慢慢增强，当强到一定程度的时候人就有了力量去对付那些坏习惯。如果一开始就去碰那些坏习惯的话，容易受到阻力，挫伤人们对习惯培养的信心。

我们常说万事开头难，一个新习惯的诞生，必然会冲击相应的旧习惯，而旧习惯不会轻易退出，它要顽抗，要垂死挣扎。另外，我们的肌体、心灵也需要时间从一种状态过渡到另一种状态。从记忆的角度讲，人也需要不断复习已经建立的好习惯，要求强化它。所以，头三天要准备吃点苦，要下功夫，要特别认真。过了这一关，坦途就在眼前。

著名教育家曼恩说："习惯仿佛一根缆绳，我们每天给它缠上一股新索，要不了多久，它就会变得牢不可破。"这个比喻非常形象、智慧。它把习惯比喻为一根绳索，每次行为的重复，就相当于又为它缠上了一股绳索。很显然，每天缠，不断缠，缆绳会越来越粗，终于有一天，会粗到牢不可破。为了养成好习惯，我们每做一次，就对自己说："缠上一股，又缠上一股。"从这个意义上讲，坏习惯如果开了头，每做一次，缆绳就粗了一些，以后要去掉就困难了。

培养好的习惯是一个长期的过程，我们要下定决心，朝着自己的目标努力，就一定能够建立自己理想的习惯，去除那些影响我们事业和命运的坏习惯。只要我们坚持不懈，就一定能获得成功。

多和有好习惯的人交往

> 我们不曾具有的习气，可以由模仿得来。
>
> ——阿里斯托芬

哈佛告诉学生：习惯的养成一方面靠自己的约束，另一方面是环境的影响，作为群体性的人类来说，后者对习惯的影响更为重要。要培养好习惯，就要多与身上有好习惯的人接触。

环境创造命运，成功的环境可以创造成功的人生，而导致失败的人生，会给人不良的暗示。这种不良的暗示，时间久了，你就真以为自己不好。所以说不好的环境会产生失败的习惯、失败的心理暗示。

不好的环境对你思维的影响、对工作的影响都非常大。监狱的环境与皇宫里的环境会形成不同的性格与特征。从来没有听说过在垃圾场旁边会有富人居住。环境对人思想观念的影响特别大。你在垃圾场旁边居住，你的思维肯定朝"垃圾"靠拢；而在山清水秀的地方，你产生的思维就是比较安静、比较开阔的。

有一天，小老虎发现路旁有一堆泥土，从土中不断散发出一股沁人心脾的幽香。小老虎便把这堆泥土带回了洞中，不一会儿，它的洞里竟然到处溢满了香气。

小老虎好奇地问泥土："你是上帝赐给人间的宝物吗？"

"不是的，老虎先生，我只是一堆普通的泥土而已。"

"那么，请问你身上的香气是从哪里来的呢？"

"我只是曾在玫瑰园里和玫瑰相处了很长的一段时间而已。"

环境能让你产生特定思维习惯，甚至是行为习惯。环境的确能影响思维与行为习惯，左右你的人生。所以要慎重地把自己的环境调整好，当你调整好了，你的生活就会一帆风顺。

环境所给人的长期心理暗示，会使人形成一种习惯性的思维，但好多人却并未加重视。有人说："注意力等于事实"，如果你长期注意这样的事情，它就会慢慢变成你生活的事实。如果固化了，就很难改了。

培养习惯也如此。和品德高尚的人相处，自己也会变得高尚；若和小人交友，自己也会变得卑琐。就像古人所言：蓬生麻中，不扶自直；白沙在涅，与之俱黑。和什么样的人相处，时间一长，就会有什么样的味道。所以，与人交往要慎重，要分清他们的习惯和品性后再决定是否深交。

第八课

走好人生的
性情之旅

人类本质中最殷切的需求是渴望被肯定。

——[哈佛大学教授] 约翰·杜威

清楚自己能够做什么固然重要，但清楚自己不能做什么更为重要。

——[哈佛大学第22任校长] 洛厄尔

性格决定成败

——培养优良的素质

坚忍的性格让你成为不倒翁

> 事业常胜于坚忍，毁于急躁。
>
> ——萨迪

哈佛告诉学生：无论是谁在社会上行走，"忍"字都很重要。一个人不可能在任何时间、任何场合都事事如意，有些事情怎么也无法解决，有些事情可能没法很快解决，所以你只能忍耐！

每个人遇到的情况都不一样，因此什么事该忍，什么事不该忍，并没有绝对的标准，但在一种情形下，你必须忍——当你的形势比人弱时！

形势比人弱，主要是指客观环境对你不利，如在公司里受到上司的羞辱、排挤；对目前工作环境不满意，可是又没有更好的工作机会；自己好不容易做个小生意，却受到客户的刁难；想创业，却没有资本；或者好好地走在街上，却无缘无故地被人欺……

因此，当你身处困境、碰到难题时，想想你的远大目标。为了大目标，一切都可以忍，千万别为了解一时之气而丢掉长远目标。

卡耐基认识一个断掉两条腿的人，他是一位从不幸中顽强崛起的好汉。他就是班·符特生。卡耐基是在佐治亚州大西洋城一家旅馆的电梯里碰到他的。在卡耐基踏入电梯的时候，注意到这个看上去非常开心的人，两条腿都断了，坐在一张放在电梯角落里的轮椅上。当电梯停在他要去的那一层楼时，他很开心地问卡耐基是否可以往旁边让一下，好让他转动他的轮椅。"真对不起，"他说，"这样麻烦你。"——他说这话的时候脸上露出一种非常温暖的微笑。

当卡耐基离开电梯回到房间之后，除了想起这个很开心的经历，什么事情他都不能思考。于是他去找他，请他说说他的故事。

"事情发生在1929年，"他微笑着告诉卡耐基，"我砍了大堆胡核木的枝干，准备做菜园里豆子的撑架。我把那些胡桃木枝子装在我的福特车上，开车回家。突然间，一根树枝滑到车上，卡在引擎里，恰好是在车子急转弯的时候。

车子冲出路外，我撞在树上。我的脊椎受了伤，两条腿都麻痹了。出事的那年我才24岁，从那以后就再也不能走路。"

一个人才24岁，就被判终身坐轮椅生活。卡耐基问他怎么能够这样勇敢地接受这个事实，他说："我以前并不能这样。"他当时充满了愤恨和难过，也抱怨命运。可是时间仍一年年过去，他终于发现愤恨使他什么也做不成，"我终于了解，"他说，"大家都对我很好，很有礼貌，所以我至少应该做到，对别人也有礼貌。"

卡耐基问他，经过了这么多年，他是否还觉得那一次意外是种不幸？他很快地说："不会了，"他说，"我现在几乎很庆幸有过那一次事情。"他告诉卡耐基，当他克服了痛苦之后，就开始生活在一个完全不同的世界里。他开始看书，对好的文学作品产生了喜爱。他说，在14年里，至少读了

1400多本书，这些书为他带来崭新的世界，使他的生活比他以前更为丰富。他开始聆听很多音乐，以前让他觉得烦闷的伟大的交响曲，现在令他非常感动。可是最大的改变是，他现在有时间去思考。"有生以来第一次，"他说，"我能让自己仔细地看看这个世界，有了真正的价值观念。我开始了解，以往我所追求的，大部分一点价值也没有。"

读书使他对政治有了兴趣。他研究公共问题，坐着他的轮椅去发表演说，由此认识了很多人，很多人也由此认识他。后来，班·符特生——仍然坐着轮椅——成了佐治亚州政府的秘书长。

人活于世，做人做事若能"率性而为"，那人生就没什么可遗憾的了。但人一生中，总会遇到许多的不如意，这些不如意需要你以智慧和耐心去解决，而不是凭靠一时的喜恶和脾气来对待。

坚忍的性格是人生路上必不可少的，因为人生路上肯定不会一帆风顺，在布满坎坷的一生中，拥有了坚忍的性格，你就能减轻伤害、渡过难关，就不会再被困难轻易地击倒。

善于合作才能发挥最大的价值

> 合作不是一种情感，而是一种经济上的必需。
>
> ——查尔士·斯坦美茨

哈佛告诉学生：成功的人大多数都有与人合作的精神，因为他们知道个人的力量是有限的，只有依靠大家的智慧和力量才可能办成大事。家庭幸福离不开合作，领导魅力有赖于合作，合作可加速成功，合作可以帮人渡过生命险滩。

一只狮子和一只老虎同时发现一只野猪，于是商量好共同追捕那只野猪。它们合作良好，当老虎把野猪扑倒后，狮子便上前一口把野猪咬死。但这时狮子起了贪心，不想和老虎平分这只野猪，于是想把老虎也咬死，可是老虎拼命抵抗，后来老虎虽然被狮子咬死，但狮子也身受重伤，无法享受美味了。

试想一下，如果狮子不如此贪心，而与老虎共吃那只野猪，不就皆大欢喜了吗？

这个故事讲述的道理就是人们常说的"你死我活"或"你活我死"的游戏规则！

大自然中弱肉强食的现象比较普遍，这是他们生存的需要。但人类社会与动物界不同，个人和个人之间、团体和个体之间的依存关系相当紧密，除了战争之外，任何"你死我活"或"你活我死"都是不利的。

当你在社会上行走时，应该采用"双赢"的竞争策略为善。这倒不是看轻你的实力，而是为了现实的需要，如前面所说，任何"单赢"的策略对你都是不利的，因为它必然会有两败俱伤的结果。

人生处处布满险滩，稍不留意，就会沉没到危险之中。许多人由于盲目自大，从而错误地估计自己，认为自己天下第一，不屑于与他人合作，做任何事都是我行我素。在家里，不跟自己的父母、妻子、儿女商量，在单位，不跟自己的同事、上司商量。这类人迟早有一天会懊悔地喊一声：我怎么会弃绝与他人合作呢？

友好、和谐的合作，可以激发生命中的潜能。在集体中的合作，可以增强你的自信心，提高你的处世能力，消除你的消极心态，使你能正确地面对人生。人是文明的人，有情感的人，一个人离开合作将一事无成。即使一个人跑到荒郊野外去隐居，远离各种人类文明，然而，他依然需要合作：依赖他本身以外的力量生存下去。

"一个人越是成为文明的一部分，越是需要依赖合作性的努力。"

一个人的能力毕竟是有限的，凭借自己的力量固然是正确的，但是一味地、保守地坚持自己的意见，则不可避免地要失败。每个人都有自己的

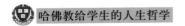

优势和特长，适当地互相联合起来就会取得"1+1>2"的结果。

勇于冒险

> 冒险并不等于玩命。人生中的冒险是建立在科学预测、认真论证和斗智用谋的基础上的勇敢行为。
>
> ——哥伦布

哈佛告诉学生：没有冒险就没有机遇，没有机遇就很难成功。人生是一场搏击，更是一连串的冒险。没有冒险，我们就不会长大。

勇士们都有一种征服的欲望、冒险的愿望，甚至是渴望。

在一个竞争日益激烈的社会里，要为自己多创造一个机会，是需要有冒险精神的。

不论是在军事上，在商业竞争上，还是在人生中，一个成功者的魄力往往就表现在他背水一战地开拓新市场的冒险精神上。创业之初的联想集团，如果没有总裁柳传志的深刻预见和孤注一掷，也不可能发展到今天的规模。

创造人生奇迹的人，都是肯动脑筋敢冒风险的人，他们愿意迎接通过努力取得成功的挑战。他们以迎接挑战为乐趣，但绝不意味着赌博。他们对于风险不大的事情不屑一顾，认为它不是挑战，不必去冒太大的风险，因为他们认为那样会得不偿失。

随着社会的不断发展，遇到的问题和机会会越来越多，越来越复杂。任何人生事业的成功，都需要敢于决策和敢担风险。大多数人怕冒风险，因为他们畏惧失败。不过，人生哪能离开风险？敢冒风险是成功者必不可少的素质。你需要顶住压力和风险去创造，应当认识到失败是随时会出现的。

冒险离不开创造与革新，它是把理想变为现实的一个重要部分。

冒险与自信密不可分。你越相信自己的能力，就会对希望的前景更有信心，也更愿意去冒别人不敢冒的风险。

多一次冒险，就会使你的生命多一点亮丽。冒险的人生才会轰轰烈烈，色彩斑斓。

自信成就未来

> 只要有信心，你就能移动一座山。只要坚信自己会成功，你就能成功。
>
> ——拿破仑·希尔

哈佛告诉学生：信念使人充满前进的动力，它可以改变险恶的现状，达到令人满意的结果。充满信心的人永远不会被击倒，他们是真正的强者。

透过百万富豪成功的经历，我们可以感受到：信念的力量在成功者的足迹中起着决定性的作用，要想事业有成，无坚不摧的理想和信念是不可或缺的。

军队的战斗力在很大程度上取决于士兵们对统帅的敬仰和信心。如果对统帅抱着怀疑、犹豫的态度，全军便要混乱。据说拿破仑亲率军队作战时，这支军队的战斗力会较别人指挥时增强一倍。拿破仑的自信，使他的军队所向披靡。

有一次，一个法兰西士兵骑马为拿破仑送来一份战报。因为路上赶得太匆忙，马跌了一跤，死掉了。拿破仑立刻下马，叫士兵骑了自己的坐骑火速赶回前线。士兵看看那匹雄壮的坐骑及它的宏丽的马鞍，不觉脱口说："不，将军，对于我一个平常的士兵，这坐骑是太高贵、太好了。"拿破仑回答说："世界上没有一样东西是法兰西士兵所不配享有的！"

自卑自贱的观念，往往是不思进取、自甘平庸的主要原因。世上有很多像这个法国士兵一样的人，他们以为自己的地位太低微，别人所有的种种幸福是不属于他们的、他们是不配享有的；以为他们是不能与那些伟大人物相提并论的；以为世界上最好的东西，不是他们这一辈子所应享有的；以为生活上的一切快乐都是留给一些命运的宠儿来享受的，他们当然就不会出人头地了。许多人，本来可以做大事、立大业，但实际上却做着小事、过着平庸的生活，原因就在于他们没有抱负和信心。

自信比金钱、势力、出身更有力量，是人们从事任何事业的最可靠的资本。自信能排除各种障碍、克服种种困难，能使事业获得圆满的成功。有的人最初对自己做出了恰当的估计，拥有自信处处胜利，但是一经挫折，他们就半途而废，这是因为他们自信心不坚定的缘故。所以，树立了自信心，还要使自信心变得坚定，这样即使遇到挫折也能不屈不挠、向前进取，决不会因为一时的困难而放弃。

那些成就伟大事业的卓越人物在开始做事之前，总是会具有充分信任自己能力的坚定的自信心，深信所从事主事业必能成功。这样，在做事时，他们就能付出全部的精力，破除一切艰难险阻，直达成功的彼岸。

自信是一盏能引导生命的明灯，一个人没有自信，只能脆弱地活着；反过来讲，信心的力量是惊人的，它可以改变恶劣的现状，达到令人满意的结局。充满信心的人永远是命运的主人。强烈的自信心，可令我们每一个意念都充满力量。如果你用强大的自信心去推动你的事业车轮，你必将赢得人生的辉煌。

不要迷失了自己

——张扬自我

世界会因你的与众不同而精彩

> 个性就是差别，差别就是创造。
>
> ——爱迪生

哈佛告诉学生：在这个世界上，每个人都是精彩的，世界也会因每个人的与众不同而精彩。我们应肯定自己的个性，并以此为自豪。

一个美丽的花园里长满了苹果树、橘子树、梨树、橡树和玫瑰花，这里真是一个幸福的天堂，每一个鲜活的生命都是那么生机盎然，它们相依相伴，每天都尽情地享受着大自然的清新、生活的无穷乐趣，满足地生活在这一方小小的天地之中。

可是，在这之前的一段时间里，花园里的情形却不是这样，有一棵小橡树愁容满面。可的小家伙一直被一个问题困扰着，它不知道自己是谁。

大家众说纷纭，更加让它困惑不已。苹果树认为它不够专心："如果你真的尽力了，一定会结出美丽的苹果，你看多容易。你还是需要更加努力。"小橡树听了它的话，心想，我已经很努力了，而且比你们想象的还要努力，可就是不行。想着想着，它就愈发伤心。玫瑰说："别听它的，开出玫瑰花来才更容易，你看多漂亮。"失望的小橡树看着娇嫩欲滴的玫瑰花，也想和它一样，但是它越想和别人一样，就越觉得自己失败。

一天，鸟中的智者雕来到了花园，看到花和树都开开心心的，唯独可爱的小橡树在一旁闷闷不乐，便上前打听，听了小橡树的困惑后，它说："你的问题并不严重，地球上许多人都面临着同样的问题，我来告诉你怎么办。你不要把生命浪费在去变成别人希望你成为的样子，你就是你自己，你永远无法变成别人，更没有必要变成别人的样子，你要试着了解你自己，做你自己，要想知道这一点，就要聆听自己内心的声音。"说完，雕就飞走了，留下小橡树独自去领悟。

橡树自言自语道："做我自己了解我自己？倾听自己的内在声音？"突然，小橡树茅塞顿开，它闭上眼睛，敞开心扉，终于听到了自己内心的声音："你永远都结不出苹果，因为你不是苹果树；你也不会每年春天都开花，因为你不是玫瑰。你是一棵橡树，你的命运就是要长得高大挺拔，给鸟儿们栖息，给游人们遮阴，创造美丽的环境。你有你的使命，去完成它吧！"

小橡树顿时觉得浑身上下充满了自信和力量，它开始为实现自己的目标而努力，很快它就长成了一棵大橡树，赢得了大家的尊重。这时，花园里才真正实现了每一个生命都快乐。

我们不用总是羡慕他人的才能，也不必埋怨自己的平庸。每个人都有自己与众不同的闪光之处。要发挥自己的价值，最重要的就是认识到自己的个性，并加以发展。威廉·詹姆斯曾说过："一般人的心智能力使用率不超过10%，大部分人不太了解自己有些什么才能。我们只运用了自身资源的一小部分。人往往都活在自己所设的限制中。杰出人士们之所以缔造出杰出，正是因为不管曾经偏离过自己多远，最终也能实现个性的回归——只做他们自己。"

拥有自我评判的标准

做你自己，是你能给别人最好的建议。

——梭罗

哈佛告诉学生：不要让众人的意见淹没了你的才能和个性。一味听从别人的意见，你就会迷失自我，你只需听从自己内心的声音，做好自己就足够了。

一位小有名气的年轻画家画完一幅杰作后，拿到展厅去展出。为了能听取更多的意见，他特意在他的画作旁放上一支笔。这样一来，每一位观赏者，如果认为此画有败笔之处，都可以直接用笔在上面圈点。

当天晚上，年轻画家兴冲冲地去取画，却发现整个画面都被涂满了记号，没有一笔一画不被指责的。他十分懊丧，对这次的尝试深感失望。

他把他的这种遭遇告诉了另外一位朋友，朋友告诉他不妨换一种方式试试，于是，他临摹了同样一张画拿去展出。但是这一次，他要求每位观赏者将其最为欣赏的妙笔之处标上记号。

等到他再取回画时，结果发现画面也被涂遍了记号。一切曾被指责的地方，如今却都换上了赞美的标记。

"哦！"他不无感慨地说，"现在我终于发现了一个奥秘：无论做什么事情，都不可能让所有的人满意，因为，在一些人看来是不如意的东西，在另一些人眼里或许是美好的。"

很多人都有一种随波逐流的从众心理，他们做事的动机往往不是那么明确，看到别人怎么做自己也怎么做，而不是按照自己的主观意愿去行动。尤其是在通往"成功"、"幸福"、"快乐"的道路上，一切似乎已经有了约定俗成的标准。可是，长此以往就会逐渐失去自我。

个人品性的锻炼应该从认识自我开始。人能够突破环境，就是由在自我意识和自知之明的双重思虑中产生的出色动力而促成的。

我们怎样看待自己，不但影响自己的态度和行为，也影响我们看待他人。我们以他人为镜子将导致自我的迷失。俗话说："众口铄金，积毁销骨。"能在无数人的否定中肯定自我的人是具有大智慧的人，也是能走向成功的人。能够在无数人的打击中依然昂然挺立坚持自己的判断，这样的人又怎能不有所成就？

有时候，众人的议论和评判并不可怕，可怕的是我们因流言而放弃了自己心中的评判标准。

保持自我本色

> 一切都不曾重复，一切都独一无二。
>
> ——龚古尔

哈佛告诉学生：我们每一个人在这世上都是独一无二的。以前没有像我们一样的人，以后也不会有。

遗传学告诉我们，人是由父亲和母亲各自的 23 条染色体组合而成，这 46 条染色体决定了这个人的遗传，每一条染色体中有数百个基因，任何单一基因都足以改变一个人的一生。事实上，人类生命的形成真是一种令人敬畏的奥妙。

我们每一个人都是崭新的，独一无二的。如果我们要独立自主，想发展自己的特点，只有靠自己。但这并不表示我们一定要标新立异，并不是说我们要奇装异服或是举止怪诞。事实上，只要我们在遵守团体规则的前提下保持自我本色，不人云亦云，不亦步亦趋，就会成为我们自己。

保持自我本色这一问题，与人类历史一样久远了。詹姆士·戈登·基尔凯医生指出："这是全人类的问题。很多精神、神经及心理方面的问题，其潜藏病因往往是他们不能保持自我。"安吉罗·派屈写过 13 本书，还在报上发表了几千篇有关儿童训练的文章，他说："一个人最糟的是不能成为自己，并且在身体与心灵中保持自我。"

美国作曲家柏林与格希文第一次会面时，已声誉卓越，而格希文却只是个默默无名的年轻作曲家。柏林很欣赏格希文的才华，并且以格希文所能赚的 3 倍薪水请他做音乐秘书。可是柏林也劝告格希文："不要接受这份工作，如果你接受了，最多只能成为欧文·柏林第二。要是你能坚持下去，有一天，你会成为第一流的格希文。"

美国乡村乐歌手吉瑞·奥特利未成名前一直想改掉自己的得克萨斯州口音，他打扮得像个城市人，还对外宣称自己是纽约人，结果只招致别人背后的讪笑。后来他开始重拾三弦琴，演唱乡村歌曲，才奠定他在影片及广播中最受欢迎的牛仔地位。

既然所有的艺术都是一种自我的体现，那么，我们就要唱自己、画自己、做自己。我们只有好好经营自己的小天地，才能在生命的管弦乐中演奏好自己的一曲歌。

爱默生在他的短文《自我信赖》中说过：

一个人总有一天会明白，嫉妒是无用的，而模仿他人无异于自杀。因为不论好坏，人只有自己才能帮助自己，只有耕种自己的田地，才能收获自家的玉米。上天赋予你的能力是独一无二的，只有当你自己努力尝试和运用时，才知道这份能力到底是什么。

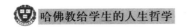

要有破茧而出的魄力

> 踩着别人脚步走路的人，永远不会留下自己的脚印。
>
> ——爱因斯坦

哈佛告诉学生：在众人面前坚持自己，突破常规，需要勇气和魄力。但唯有如此，才能破茧而出。

有一个农民，当地人都说他是个聪明人。因为他爱动脑筋，所以常常花费比别人更少的力气，获得更大的收益。秋天收获洋葱后，为了卖个好价钱，大家都先把洋葱按个头分成大、中、小3类，每人都起早摸黑地干，希望快点把洋葱运到城里赶早上市。而这个农民却与众不同，他根本不做分拣洋葱的工作，而是直接把洋葱装进麻袋里运走。他在向城里运洋葱时，没有走一般人都经过的平坦公路，而是载着装洋葱的麻袋，开车跑一条颠簸不平的山路。这样一路下来，因为车子的不断颠簸，小的洋葱就落到麻袋的最底部，而大的就留在了上面，卖的时候就能够大小分开了。这样，他的洋葱总是最早上市，因此，他每次赚的钱自然比别人家的多。

在创新的过程之中，知识的贫穷并不可怕，可怕的是想象力的贫乏。爱因斯坦说："想象力比知识更为重要。"可以这样说，人的一切发明与创造都源于想象力。充分展开你的想象，才能够产生与众不同的想法，才能有与众不同的收获。

格兰特将军在作战时，因不按照军事学书本上的战争先例而为其他人所耻笑，然而结束美国南北战争的却是他。拿破仑在横扫全欧时，也是不拘泥于一切先前的战法。有毅力、有创造精神的人，总是先例之破坏者。对于罗斯福总统，白宫的先例、政治的习惯，全都失其效力。无论在什么位置上，警监、州长、副总统、总统，他总坚持着"做他自己的人"，坚持自行其是。他的惊人的力量大半从这点上得来。

杰出人士们总是朝向光明而前进，他们的心胸是开放的。对于一件事，他们不管以前是否有人做过，不管别人是怎样的做法，都一如既往做着他们的事。现代社会的进步，就是从古到今不断地淘汰不适用的机器、陈腐的思想、愚笨的偏见与不适用的制度和方法的结果。

突破常规、跳出惯有的思维习惯，想别人所不敢想，为别人所不敢为，是创意人生的必需条件。这个世界上，你自己的创新就是成功之门。每个人在日常生活中都会很容易地跟随众人，因此，在这种情形下，你想成功就一定要有破茧而出的魄力。

社会希望人们从众，与团体保持一致。无论这个团体是我们的朋友、同事或是家庭，对着装、举止、说话和思想都有规定好的"准则"，当我们对这些准则有所偏离时，我们就不会被社会接纳，就会受到他人的嘲笑。你一定要能够坦然面对这种嘲笑。

个性创意让你与众不同

> 个性比智力更崇高。思想是一种功能，生活是那功能的执行者。
>
> ——爱默生

哈佛告诉学生：个性不是刻意追求就可以得来的，它是个性的思想和个性的创意的体现。

一家旅馆的经理，对旅馆内的物品经常被住宿的旅客顺手牵羊感到头痛，却一直拿不出有效的对策来。

他嘱咐属下在客人到柜台结账时，迅速派人去房内查看是否有什么东西不见了。结果客人都在柜台等待，直到房务部人员查清楚了之后才能结账。因为结账太慢，很多客人决定，下一次再也不住这个饭店了。

旅馆经理觉得这样下去不是办法，于是召集了各部门主管，想想有什么更好的法子，能制止旅客顺手牵羊。几个主管围坐在一起认真地讨论。

一位年轻主管忽然说："既然旅客喜欢，为什么不让他们带走呢？"

旅馆经理一听瞪大了眼睛，这是哪门子的馊主意？

年轻主管急忙挥挥手表示还有下文。他说："既然顾客喜欢，我们就在每件东西上标价。说不定啊！还可以有额外收入呢！"

大家的眼睛都亮了起来，兴奋地按计划来进行。

有些旅客喜欢顺手牵羊，并非蓄意偷窃，而是因为很喜欢房内的物品，下意识觉得既然付了这么贵的房租，为什么不能取回家做纪念品，而且又没明白规定哪些不能拿。于是，就故意装迷糊拿走一些小东西。

针对这一点，这家旅馆每样东西都标上了标价，说明客人如果喜欢，可以向柜台登记购买。在这家旅馆，忽然多出了好多东西，如：墙上的画、手工艺品、有当地特色的小摆饰、漂亮的桌布，甚至柔软的枕头、床单、椅子等用品都有标价。如此一来，旅馆里里外外都布置得美轮美奂，客人们对旅馆的布置和服务满意极了。

这家旅馆的生意竟然越来越好了！有许多客人旅行前向旅行社指定要住这家旅馆，因为在这里可以买到价格公道的物品，省了跑到街上买纪念品的麻烦。结果一年下来，年终盈余有一大部分是靠卖东西得来的。

个性创意，让你与众不同。大多数人都会对你的个性创意赞叹不已。

创新无所不在，又处处隐藏。只要我们相信自己的能力，开发出创新的潜能，就会在不同的时空、对不同的事物进行创新。商界有句名言："谁聪明谁才能赚，谁独特谁才能赢。"思考的角度不同，才能收到意想不到的效果。

第九课

成功没有形状

一个成功者并不在于知识和经验，而在于思维的方式。

——[哈佛大学教授] 西奥多·莱维特

不是处于下风就是失败，人生最大的成功在于规划一个适合自己的有意义的人生，并保持生活和工作的平衡。

——[哈佛大学教授] 詹姆斯·沃尔德浦

成功有很多种

——不要为成功设定标准

成功没有止境

> 最甘美的成功，只有从未成功的人最知道。
>
> ——狄更斯

哈佛告诉学生：成功不是追求的终点，在获得一个个小成功后，大成功才会向你招手，之后大成功又成为小成功……

一位武林高手跪在武学宗师的面前，这是接受得来不易的黑带的仪式。这个徒弟经过多年的严格训练，终于在武林中出人头地。

"在授予你黑带之前，你必须接受一个考验。"武学宗师说。

"我准备好了。"徒弟答道。他以为可能是最后一个回合的练拳。

宗师说："你必须回答一个最基本的问题：黑带的真正含义是什么？"

徒弟答道："是我习武的结束，是我辛苦练功应该得到的奖励。"武学宗师等待着他再说些什么，显然他不满意徒弟的回答。最后他开口了："你还没有到拿黑带的时候，1年以后再来。"

1年以后，徒弟再度跪在宗师的面前。

师父问："黑带的真正含义是什么？"

"是本门武学中最杰出和最高荣誉的象征。"徒弟说。武学宗师等他接着说，可过了好几分钟，徒弟还是不说话。宗师很不满意，最后说："你仍然没有到拿黑带的时候，1年以后再来。"

1年以后，徒弟又跪在宗师的面前。

师父又问："黑带的真正含义是什么？""黑带代表开始，代表无休止的磨炼、奋斗和追求更高标准的里程的起点。""好，你已经可以接受黑带了。"

很多人在取得一定的成功后，就会陷入一种类似真空的失重状态中，找不到自己，也不知何去何从，这是因为他们没有看透成功的本质是"不断超越"。

对于我们每个人来说，成功没有止境，只有开始，这个开始就是奋斗。名誉只是成功表面上的东西，只是装饰品，没有实际意义。只有不断奋斗，才能不断超越自我，不断获取成功。正如帕瓦罗蒂所说："我应该比较而且应该超越的不是别人，而是我自己。"成功是起点，不是终点，成功永无止境。

什么是成功

> 生活好似演戏——成功与否不在情节有多长，而在演技有多好。
>
> ——塞内加

哈佛告诉学生：如果我们将成功定位于满足吃喝玩乐的人生需求，那么，这种成功毫无意义。追求成功是在追求自己的意愿。成功与否，需要你用心去聆听。

我们要常问自己两个问题：

别人认为我成功吗？

我认为自己成功吗？

成功最直接的表现为"完成"或"达到"。因为目标是自己的，同时对目标的评估也因人而异，不一而足。因此，所谓成功，其实主要是自己对自己的评估和看法；失败，则是别人对你的评估和看法。自己认为成功了，就成功了；自己认为不成功，就不成功。这不是阿Q精神。

我们应该都有这样的经验：有些时候别人总羡慕你的成功而你总认为还不够成功，而有时候别人总以为你很失败，而你却心安理得，充满快乐，自有一片宁静祥和的天空。

乔达摩生于公元前653年，父亲是释迦族国王。

他出生的时候，一个婆罗门相者预言他会离家修游，成为一个出家苦修的圣人，并告诫，不要让他看见任何不幸的事物，如落叶、死尸等。

国王为了让王位后继有人，就禁止他离开皇宫，并用宫廷无尽的奢华和享受围绕太子，极力把他同任何不幸的情境隔开。

就这样，乔达摩长大了，只知道有富贵和享乐。

后来，他又娶了同族的耶输陀罗公主为妻，并有了一个儿子名叫罗罗。

然而，有一天，他终于走出了皇宫。在他的皇家马车中，他被车外的景象惊呆了——一个非常衰老的女人。

他忙问驾车的人：

"这个女人怎么了？"

他被告知，每个人最终都会像这老女人一样变老变衰弱。

继续前行，又遇到1个奄奄一息的病人和1个没有双腿，在路边行乞的残疾人。太子吃惊地领悟到，每个人都会受到病痛的折磨。

后来，他们又遇到了1列抬着尸体的送葬队伍，当他知道每个有生命的存在物都将会死去时，他深深地震惊了。但就在他心绪不宁，被病、老、死牵扰苦恼时，他遇到了一个老人。老人眼睛注视着他，并对他平静地微笑。

"在人世的苦海中，这个人为什么还会欣喜？"乔达摩惊叫。

"他是一位圣者"，赶车人答道，"他已经获得了真理并因此得了解脱。"

这些新的发现，唤起了太子内心对人类的深刻同情以及对现在受到庇护的特权的厌恶。

他想，当他周围的世界充满苦难的时候，他怎么能够置身于在这种人为的幸福之中呢？而他又怎能忽视这残酷的事实，那就是他心爱的妻子和儿子终将忍受老迈的痛苦和死亡的结局。

乔达摩太子立志离家修行，带着解脱生死的宏愿，为获正果，矢志不渝。

出家后，乔达摩先后向两位大师学习，接受苦行方式，努力通过苦修和无为来寻求人生的至理。

6年后，乔达摩成为佛陀（觉悟者），人们称他释迦牟尼——释迦族的圣人。他成功了。

我们用4句通俗易懂的话，为成功自由度作一个最通俗的注解：

当你想当的人，

做你想做的事，

去你想去的地方，

说你想说的话。

关于成功，英国思想家赛克斯有一段经典论述：

"成功没有秘诀。成功是做你应该做的事情，而不是做你不应该做的事情。

"成功并不限于你生活中的某一个范围。它包括你与旁人之间关系的所有方面：作为一个父亲或母亲，作为一个妻子或丈夫，作为一个公民、邻居、工人等。

"成功并非指你的人格的某一部分，而是同所有部分：身体、心理、感情、精神——的发展相连的。它是把整个的人做最善的利用。

　　"成功是发现你最佳的才能、技巧和能力，并且把它们应用在对旁人做最有效的贡献的地方。用郎费罗的话说，它是'做你做得到的事情，并且做好你所做的任何事情'。

　　"成功是把自己的心力运用在你所爱做的工作上面。它是指一个人热爱自己的工作。它需要你全神贯注于你生活中的主要目标。

　　"它是把你现在的全部力量集中于你所渴望完成的事情上。"

　　世界上没有两片相同的树叶，成功因人而异，因时、因事而异。成功是主观的，成功是多元的。

　　因此，目前国际公认的成功定义就是：

　　实现自己有意义的既定目标。

拥有名利不等于成功

> 荣誉就像玩具，只能玩玩而已，绝不能守着它，否则就将一事无成。
>
> ——玛丽·居里

　　哈佛告诉学生：成功是自我崇高目标的实现。拥有名利不等于就拥有了成功。不能将名利作为你的奋斗目标，那样的话，拥有名利之后，你也会郁郁寡欢。

　　名利是一个极具吸引力的字眼，同时也是许多人立足社会、搏击人生的动力之一。自古以来，功名利禄就是一些人的人生奋斗目标。有多少人为了光宗耀祖、福荫万世而削尖了脑袋去挤仕宦之途，又有多少人因为人生的不得意而郁郁寡欢。综观古今，春风得意、踌躇满志的人毕竟还是少数，历史上留下来的更多的还是众多为名和利所困扰、所击败的悲剧。生活的道路本来是很宽阔的，人生的价值也并不全是能够用名和利来衡量的，因此，若想活得轻松自如些，你就应该看淡名利，活出生活的本色来。

一对夫妻年轻时共同创业，到了中年终于小有成就，公司净资产1000多万，而且发展势头良好，提起这对夫妻，商界的人都伸大拇指。然而就在他们的事业如日中天的时候，两人却隐退了，他们辞去了董事长、总经理的位置，将大部分股份卖给一个他们平时就很欣赏的企业家，将房子和车委托给好朋友照管，两个人就潇洒地环游世界去了。消息传出后，大家都觉得太可惜，一些亲戚朋友也不理解，讽刺他们说："都是成年人了，办事却像小孩一样，那么大的家业说丢就丢，放着好好的老总不做，偏要去环游世界！"

在一些人眼里，这对夫妻确实傻得可以，竟然真的就这样抛下名利，从此以后，他们再也体验不到当老总的风光及大把大把赚钱的乐趣了。其实，这对夫妻才是真正的聪明人，他们抛弃了虚名浮利却得到了生活的真正乐趣。

名，是一种荣誉、一种地位。有了名，通常可以万事亨通，光宗耀祖。名这东西确实能给人带来诸多好处，因而不少人为了一时的虚名能带来的好处，而忘我地去追求名。然而沉溺于名会让你找不到充实感，让你备感生活的空虚与落寞。

钱，是一种财富，是让生活更加舒适的保证。有了钱，就可以住豪宅，开名车，吃大餐。在一些人眼里，金钱甚至是一种带有魔力的，可以让人为所欲为的东西。然而任何事情都有相反的一面，金钱也会给你带来很多麻烦。比如有了钱以后，你就得为自己的安全担忧，谁知道哪个家伙是不是正打着"劫富济贫"的算盘；有了钱，你就会失去很多朋友，你可能会担心对方是不是冲着你的钱来的……

一个人如若养成看淡名利的人生态度，那么面对生活，他就易于找到乐观的一面。他所看到的是人生值得讴歌的部分，而对可望而不可即的空中楼阁没有兴趣。现代人面对着花花绿绿的精彩世界，更应当有淡名寡欲的思想，如此方能在纷繁的世界里，在众多的不公平中，在自己的心中，构筑一片宁静的田园。

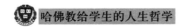

名利只是生命的修饰物而已，它并不是人生的最终目的。拥有了名利，往往也就失去了人生的宁静。人生成功与否，不能用名利来评判。

拥有成功的心态

> 拥有了成功的心态，成功就会向你走过来。
>
> ——卡耐基

哈佛告诉学生：世界上的所有事情，都会有无数种解决的方法。成功属于那些拥有成功心态的人。如果我们能够像成功者那样思考问题，结果可能就会完全不同。

一天，有一位旅行者来到一座村庄，询问一个坐在村口的老者："请问，这个村里的人怎么样？"老者反问道："你从前那个村庄的人怎么样？"这个旅行者回答道："他们真是糟透了，很不友好。"于是老者对他说："我们这个村里的人也不好。"

第二天，又有一位旅行者来到村庄，向这位老者问了同一个问题："这个村里的人怎么样？"

老者同样反问："你以前那个村里的人怎样呢？"第二位旅行者回答："他们好极了，真是十分友好。"这位老者微笑道："你会发现，我们这个村里的人也很友好。"

有人不解，为什么同一个问题，会给出决然不同的答案？这正如两个人从牢中的铁窗望出去，一个看到杂草丛，一个却看到星星。一个人怎么样看世界，这个世界也就会怎么样。

这就是一念之差导致的天壤之别。一个人灰心失望，不战而败；而另一个人满怀信心，大获全胜。

我们常常说"言出必行"。语言的确有促使自己行动的力量。如果你常常说："我不行"，"我办不到"，"不可能"……久而久之，你就可能真的什么事情都办不到了。但是，如果你常常说："我相信自己"，"我喜欢自己"、"我最有力量"……久而久之，你就能够办到一些原本办不成的事情。因为你的语言在左右你的行动，正面的语言增加你行动的力量，否定的语言则会削弱甚至磨灭你行动的力量。

生活中的每个人都是一个特定的角色，这个角色一旦形成之后，就会反过来左右我们的行为和形象。如果我们在生活中的确是一个重要的角色，那么我们在做任何事情的时候就一定会信心百倍。如果因为职业的原因，我们成了生活中可有可无的角色，那么，我们会甘心永远这样吗？难道你会说："我本来就不重要，我有什么办法呢？"

青少年时，人们都会有一些偶像。我们常常见到一些孩子模仿他们的偶像，而且模仿得惟妙惟肖，可见这些偶像对孩子的潜移默化作用是多么巨大。其实，我们也可以运用这个方法，为自己进行角色假定。

有一位贫困的夫人，她有两个年龄不过四五岁的儿子。由于他们家里的光线很暗，所以当看见外面的阳光时，这两个孩子就十分美慕。兄弟俩商量说："我们可以把外面的阳光扫一点进来。"于是，他们拿着扫帚和簸箕，到阳台上去收集阳光。

等到他们把簸箕搬到房间的时候，里面的阳光就没有了。这样一而再、再而三地扫了许多次，屋里还是一片昏暗。正在厨房忙碌的妈妈，看见他们奇怪的举动，问道："你们在做什么？"他们回答说："房间太暗了，我们要扫点阳光进来。"妈妈笑着说："只要把窗户打开，阳光自然就会进来了，何必去费力打扫呢？"

把封闭的心门敞开，成功的阳光就能驱散失败的阴暗。拥有了成功的心态，成功就会向你走过来。

要有足够强烈的成功欲望

> 天下绝无不热烈勇敢地追求成功，而能取得成功的人。
>
> ——拿破仑

哈佛告诉学生：成功只垂青那些渴望成功的人。如果你没有足够强烈的成功欲望，你也就没有追求成功的强大动力。

有一位年轻的弟子问苏格拉底成功的秘诀，苏格拉底没有直接回答，而是把他带到一条小河边。只见苏格拉底"扑通"一声跳到河里去了，并且在水不向年轻人招了招手，示意他下来。年轻人也就稀里糊涂地跳下了水。

刚一下水，苏格拉底就把他的头摁到了水里，年轻人本能地挣扎出水面，苏格拉底又一次把他的头摁到了水里，这次用的力气更大，年轻人拼命地挣扎，刚一露出水面，又被苏格拉底死死地摁到了水里。这一次，年轻人可顾不了那么多了，死命地挣扎，挣脱之后就拼命地往岸上跑。跑上岸后，他打着哆嗦对大师说："老……老师，你要干什么？"

苏格拉底理也不理会这位年轻人就上了岸。当他转身离去的时候，年轻人感觉好像有些事情还没有弄明白，于是，他就追上去问苏格拉底："老师，恕我愚昧，刚才你对我的那个动作我还没有悟过来，能否指点一二？"苏格拉底看看这个年轻人还有些耐心，于是对年轻人说了一句很有哲理的话："年轻人，要成功，就要有成功的欲望，这种欲望就像你刚才那种强烈的求生欲望一样，它使你欲罢不能。"

要想成功，仅仅存有成功的希望是不够的，一个优秀的推销员最重要的素质是要有强烈的成交欲望；一个运动员最优秀的品质是永远争第一的欲望。如果你没有强烈的成功欲望，你就没有勇往直前的勇气和与困难搏斗的毅力。相反，如果你迫切地希望成功，那么，你就会想尽一切办法，冲破一切阻碍，对成功路上的荆棘无所畏惧。这就是欲望的力量。所以，要想成功，首先要有强烈的成功欲望。

等待是成功的天敌

——用行动获取成功

等待是成功的天敌

> 切记，成功乃是辛劳的报酬。
>
> ——索福克勒斯

哈佛告诉学生：如果你想获得成功，最可靠的方法就是自己去创造机会。

法国白兰地酒历史悠久，酒味醇厚，但直到20世纪50年代，白兰地仍然没打入美国市场。

趁着1957年10月艾森豪威尔总统67岁寿辰之际，法国商人制订了一项完美的计划，他们致函给美国有关人士：法国人民为了表示对美国总统的友好感情，将选赠两桶已有67年历史的白兰地酒作为贺礼；这两桶酒将由专机运送到美国，白兰地公司为此支付巨额保险金；将举行隆重的赠送仪式……

美国新闻界将此消息如实报道出去，结果这两桶白兰地还未运到美国，美国人对它已经是如雷贯耳，思之如渴了。

白兰地酒运抵华盛顿举行赠送仪式时，市民们趋之若鹜，盛况空前，而新闻界更是不甘寂寞，有关赠送白兰地酒仪式的专题报道，新闻照片无处不在，总统大人对白兰地的赞赏更无人不知。

聪明的法国商人们如愿以偿：白兰地酒堂而皇之地打入了美国市场。

只靠等待最终会两手空空。如果只知坐在家中等待机会，那是非常危险的。如果你想获得成功，最可靠的方法就是自己去创造机会。

行动起来，用行动去争取机会。等待是成功的天敌。

心动不如行动

> 凡事欲其成功，必要付出代价——奋斗。
>
> ——爱默生

哈佛告诉学生：只有梦想而不去行动的人，梦想对于他来说，永远都只是一个梦想而已。只想获得成功而不去用行动争取成功的人也终将与成功无缘。

一次，一家公司举办一个营销人员的培训会议。公司很多营销人员都来参加了。他们学习了很多东西，快要结束的时候，营销总监前来作总结。

他也没有多讲什么，最后让大家都动一下，站起来，看看有什么发现。全体人员很纳闷，但还是陆陆续续地站了起来，莫名其妙地东张西望。不一会，有人就大声地说在桌子下面找到1元。然后，就不断地有人说在椅子上、桌子里、地板上等地方找到了钱。最多的有100元，最少的也有1元。正当大家诧异的时候，这位总监就问大家能否明白其中的意思。没人能够回答，但又都很想知道。

总监就说了，这其实很简单，就是想告诉大家，只要你动了起来，就一定会有所收获，如果你坐着不动的话，就会一无所获。

不要被困难吓倒，行动可以使你变得坚强，使你一步步提高。过去的失败不算什么，重要的是从失败中学习。找出你内心真正的渴望，找出你的目标，义无反顾地去完成它。不要逃避，不要放弃，要始终如一，坚守目标。要把一切艰难挫折当作使自己更强大、更坚定的机会。心动不如行动，希望什么，就主动去争取。只要你动了起来，就一定有所收获，否则，就会一无所获。

行动创造奇迹

> 不安于小成，然后足以成大器；不诱于小利，然后可以立远功。
>
> ——方孝孺

哈佛告诉学生：其实，我们不必畏惧遥不可及的未来，只要想着此时此刻做什么就可以了。

一只新组装好的小钟放在了两只旧钟当中。两只旧钟"嘀嗒嘀嗒"，一分一秒地走着。

其中一只旧钟对小钟说：来吧，你也该工作了。可是我有点担心，你走完3200万次以后，恐怕便吃不消了。

天哪！3200万次。小钟吃惊不已。要我做这么大的事？办不到，办不到。

另一只旧钟说：别听他胡说八道。不用害怕，你只要每秒"嘀嗒"摆一下就行了。

天下哪有这样简单的事情。小钟将信将疑。如果这样，我就试试吧。

小钟很轻松地每秒钟嘀嗒摆一下，不知不觉中，1年过去了，它摆了3200万次。

成功似乎遥不可及，也许我们已经被远大的目标所累，倦怠和不自信使我们一味地感叹或埋怨未来的渺茫，从而放弃努力，在哀叹中虚度光阴。其实，我们不必畏惧遥不可及的未来，只要想着此时此刻该做什么就可以了。一步一个脚印地把眼前的事情做好，就像那只钟一样，每秒嘀嗒摆一下，成功的喜悦就会在不知不觉中浸润我们的生命。

现在就去做

成功的秘诀，是在养成迅速去做的习惯，要趁着潮水涨得最高的刹那，此时不但没有阻力，而且能帮助你迅速成功。

——劳伦斯

哈佛告诉学生：不要不屑去做一件小事，要养成习惯，从小事上练习"现在就去做"，因为机缘一错过，就不得不付出百倍的努力。

父子俩一同穿越沙漠。在经历了漫长的跋涉之后，他们都疲惫不堪，干渴难忍，每迈出一步都异常艰难。这时父亲看到黄沙中有一枚马蹄铁在阳光的照耀下闪闪发光——那是沙漠先驱者的遗留品。

父亲对儿子说，捡起它吧，会有用的。儿子用失神的眼睛，看了看一望无际的沙漠——有什么用呢？儿子摇摇头。于是，父亲什么也没说，只是弯腰拾起了马蹄铁，继续前行。

终于他们到达了一座城堡，父亲用马蹄铁换了200颗酸葡萄。当他们再次跋涉在沙漠中遭遇干渴时，父亲拿出了酸葡萄，边走边吃，同时自己吃一颗还丢一颗在地上——儿子每吃一颗便要弯一次腰去捡。

拾一枚马蹄铁只需弯一次腰，而现在儿子却不得不弯 100 次腰。不要不屑去做一件小事，养成习惯，从小事上练习"现在就去做"，因为机缘一错过，就不得不付出百倍的努力。"现在就去做"可以影响你生活中的每一部分，它可以帮助你去做该做而不喜欢做的事。在遭遇令人厌烦的职责时，它可以教你不推脱不延误。但是这一刹那一旦错过，你很可能永远不会再碰到它。

成功与绝望为敌

使我们失败的那些因素，终有一天会使我们转败为胜。

——戴高乐

哈佛告诉学生：面对人生困境，我们不能怨天尤人、自暴自弃，而要在心头点燃一根承载希望的火柴，并义无反顾地走下去！

老教授和他的两个学生准备进溶洞考察。溶洞在当地人们的眼里是一个"魔洞"，曾经有胆大的人进去过，但却一去不复返。

随身携带的计时器显示着，他们在漆黑的溶洞里走过了 14 个小时，这时一个有半个足球场大小的水晶岩洞呈现在他们的面前。他们兴奋地奔了过去，尽情欣赏、抚摸着那迷人水晶。待激动的心情平静下来之后，其中那个负责画路标的学生忽然惊叫道："刚才我忘记刻箭头了！"他们再仔细看时，四周竟有上百个大小各异的洞口。那些洞口就像迷宫一样，洞洞相连，他们转了很久，始终没能找到退路。

老教授在众多洞口前默默地搜寻着，突然他惊喜地喊道："在这儿有一个标志！"他们决定顺着标志的方向走，老教授走在前面，每一次都是他先发现标志的。

终于，他们的眼睛被强烈的太阳光刺疼了，这就意味着他们已经走出了"魔洞"。那两个学生竟像孩子似的，掩面哭泣起来，他们对老教授说："如果没有那位前人……"而老教授缓缓地从衣兜里掏出一块被磨去半截的石灰石递到他俩面前，意味深长地说："在没有退路可言的时候，我们唯有相信自己……"

人生充满了一次次神秘的探险，也要面对很多"魔洞"，当置身魔洞深处，找不到退路时，我们不能绝望，要相信自己能够走出去。只要你坚信成功就在你面前，你就一定会获得成功。

面对人生的"魔洞"，我们不能绝望，应该在心头点燃一颗承载希望的火柴。成功最大的克星就是绝望，克服困难才有胜利的契机。

成功属于坚持到最后的人

> 顽强的毅力可以征服世界上任何一座高峰。
>
> ——狄更斯

哈佛告诉学生：成功贵在坚持。只有强大的毅力才会使你成功。成大事不在于力量的大小，而在于你能坚持多久。

在事业的进行中，越是困难的时候，越是要坚持不懈。成功就在于比别人多坚持一会儿。在一切正常的情况下，大多数人都能够坚持下来，而在困境中，人们的表现就出现了差别。大多数人在困难中很容易放弃自己的目标和意愿，只有那些立志成功的人才能够坚持到最后。所以，几乎所有的成功都是在困境中取得的，困境是成功和失败的分水岭。

一些年轻人去拜访苏格拉底，询问怎样才能拥有博大精深的学问和智慧。苏格拉底没有正面回答，而是告诉大家：你们先回去，每天坚持做

100个俯卧撑，1个月后再来询问我。年轻人都笑了，他们说，这还不简单吗？然而1个月后，只有一半的人回到苏格拉底面前。苏格拉底说："好，再这样坚持1个月吧。结果，回来的人还不到1/3。如此1年后，回来向苏格拉底请教问题的就只剩1个人了，他就是柏拉图。许多年后，他成了古希腊最著名的哲学家。

美国销售员协会曾经做过一个调查，结果表明：48%的推销员找过1个人之后，就不干了；25%的推销员找过两个人之后，就不干了；12%的推销员找过3个人之后，还坚持继续干下去——80%的生意就是由这12%的推销员做成的。

坚持并不是一件容易的事。你的想法和做法常常得不到别人支持，许多人会对你冷嘲热讽，更多的人还会对你横加指责。事实上，无论你做什么事情，都会有反对派存在，不要试图去做一件人人都赞成的事情，更不要想改变他人的反对意见。你所能做的唯有一件事：选择。选择支持你想法的人，选择适合你发展的环境，选择最适合你的事情。

不要在意那些消极的东西，你可以把精力放在你要做的事情上，坚持做下去，直到成功。